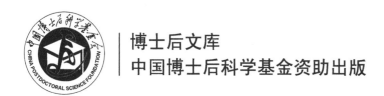

博士后文库

中国博士后科学基金资助出版

土壤与生物炭
对疏水性有机污染物的吸附原理

金　洁　著

科　学　出　版　社

北　京

内 容 简 介

　　本书以土壤和生物炭及其有机质组分为研究对象,主要阐述土壤有机质和生物炭的组成、形态、极性和微孔结构对疏水性有机污染物吸附的影响机制,探讨老化过程对生物炭性能表征和吸附特性的影响,揭示生物炭对土壤吸附能力的促进作用和机理,证明土壤和生物炭来源的腐殖酸组分在分子组成、形态、结构和吸附机制上具有明显的差异性,更新对土壤腐殖质本质的科学认识。本书内容可为科学预测生物炭还田对土壤理化性质和污染物环境行为的影响提供理论依据。

　　本书可供从事土壤学、环境科学、农学、地球化学等相关领域研究的科研工作者、研究生及对土壤环境和生物炭感兴趣的读者参考。

图书在版编目（CIP）数据

土壤与生物炭对疏水性有机污染物的吸附原理/金洁著.—北京：科学出版社，2024.2
　（博士后文库）
　ISBN 978-7-03-078147-5

　Ⅰ.① 土… Ⅱ.① 金… Ⅲ. ① 土壤污染-有机物污染-污染防治-研究
Ⅳ.① X53

中国国家版本馆 CIP 数据核字（2024）第 040132 号

责任编辑：徐雁秋/责任校对：高　嵘
责任印制：彭　超/封面设计：陈　敬

斜 学 出 版 社 出版
北京东黄城根北街 16 号
邮政编码：100717
http://www.sciencep.com

北京凌奇印刷有限责任公司印刷
科学出版社发行　各地新华书店经销
＊

开本：720×1000　1/16
2024 年 2 月第 一 版　　印张：10 1/4
2024 年 11 月第二次印刷　　字数：200 000
定价：99.00 元
（如有印装质量问题，我社负责调换）

"博士后文库"编委会

"博士后文库" 序言

　　1985 年，在李政道先生的倡议和邓小平同志的亲自关怀下，我国建立了博士后制度，同时设立了博士后科学基金。30 多年来，在党和国家的高度重视下，在社会各方面的关心和支持下，博士后制度为我国培养了一大批青年高层次创新人才。在这一过程中，博士后科学基金发挥了不可替代的独特作用。

　　博士后科学基金是中国特色博士后制度的重要组成部分，专门用于资助博士后研究人员开展创新探索。博士后科学基金的资助，对正处于独立科研生涯起步阶段的博士后研究人员来说，适逢其时，有利于培养他们独立的科研人格、在选题方面的竞争意识以及负责的精神，是他们独立从事科研工作的"第一桶金"。尽管博士后科学基金资助金额不大，但对博士后青年创新人才的培养和激励作用不可估量。四两拨千斤，博士后科学基金有效地推动了博士后研究人员迅速成长为高水平的研究人才，"小基金发挥了大作用"。

　　在博士后科学基金的资助下，博士后研究人员的优秀学术成果不断涌现。2013年，为提高博士后科学基金的资助效益，中国博士后科学基金会联合科学出版社开展了博士后优秀学术专著出版资助工作，通过专家评审遴选出优秀的博士后学术著作，收入"博士后文库"，由博士后科学基金资助、科学出版社出版。我们希望，借此打造专属于博士后学术创新的旗舰图书品牌，激励博士后研究人员潜心科研，扎实治学，提升博士后优秀学术成果的社会影响力。

　　2015 年，国务院办公厅印发了《关于改革完善博士后制度的意见》（国办发〔2015〕87 号），将"实施自然科学、人文社会科学优秀博士后论著出版支持计划"作为"十三五"期间博士后工作的重要内容和提升博士后研究人员培养质量的重要手段，这更加凸显了出版资助工作的意义。我相信，我们提供的这个出版资助平台将对博士后研究人员激发创新智慧、凝聚创新力量发挥独特的作用，促使博士后研究人员的创新成果更好地服务于创新驱动发展战略和创新型国家的建设。

　　祝愿广大博士后研究人员在博士后科学基金的资助下早日成长为栋梁之才，为实现中华民族伟大复兴的中国梦做出更大的贡献。

中国博士后科学基金会理事长

前　　言

　　人类在社会发展的过程中，生产了大量的有机污染物。其中，疏水性有机污染物（HOCs），如多环芳烃（PAHs）、农药等，由于疏水性强、在水中溶解度低、辛醇-水分配系数较高、难降解等特点，释放到环境中后容易在土壤中累积，威胁生态环境安全和人类健康。作为 HOCs 主要的汇，土壤对 HOCs 的吸附作用影响着它们在环境中的迁移转化、生物有效性及生态毒性。但是土壤有机质的高度非均质性为揭示 HOCs 在土壤中的吸附行为和机制带来了巨大的挑战。因此，准确识别和定量这些土壤中不同形式的有机质，已经成为解释它们对 HOCs 的吸附行为及机制的关键。

　　生物炭是生物质在缺氧或限氧、温度相对较低（<700℃）条件下热解得到的富碳固体产物。由于稳定性强、孔隙发达、养分含量丰富、对 HOCs 等污染物吸附能力强、阳离子交换量高等特性，生物炭已成为土壤学、环境科学等多学科领域研究的热点。近年来，随着粮食安全、土壤改良和固碳减排等需求的不断发展，越来越多的学者和机构呼吁加强生物炭施入土壤的研究和应用，以提升耕地质量和实现碳封存。但是生物炭的理化特征受生物质原料、制备条件和老化过程的影响很大，导致不同生物炭对 HOCs 的吸附能力差异较大。此外，经过氧化作用和水合作用，生物炭会形成腐殖酸类似物，释放到土壤中，这些物质与土壤本底腐殖质来源不同，这会导致它们组成结构及吸附特性的差异。正确认识生物炭及其组分的理化特征和吸附特性，是了解生物炭还田后对土壤理化性质和污染物环境行为影响的关键。

　　基于上述有待深入探究的科学问题，作者在博士和博士后期间开展了系统的研究工作，获得了较为丰富的研究成果。本书围绕土壤、生物炭和 HOCs 的环境地球化学行为，采用静态吸附法结合元素分析、孔径分析、光谱、能谱、热分析等多种表征技术，揭示土壤和生物炭有机质组分的组成、形态、极性和微孔结构等特征对典型 HOCs 吸附行为的影响机制，探讨生物炭老化过程和还田对其自身理化性质和吸附行为的影响，并采用经典的土壤腐殖质提取方法从生物炭中成功分离出类腐殖酸组分，同时揭示生物炭腐殖酸和土壤腐殖酸迥异的理化特征和吸附特性。

本书内容是作者博士后在站期间从事的土壤和生物炭研究成果的总结，也包括一部分博士期间的工作内容。衷心感谢博士导师北京师范大学孙可教授和赵烨教授、博士后合作导师华北电力大学王祥科教授的悉心指导和支持，感谢美国马萨诸塞大学的 Xing Baoshan 教授在科研上给予的悉心指导和帮助，感谢华北电力大学博士后管理办公室老师及中国博士后管理办公室老师们在项目执行期间给予的帮助和关照，感谢所指导的研究生，包括杨路、仵云超、邹紫薇、夏金霞、孙金涛和于蕊，对我工作的大力支持，最后感谢我的家人和朋友对我默默的支持和关怀！

衷心感谢中国博士后科学基金特别资助项目和面上项目（2018T110078 和 2016M600070）、国家自然科学基金面上项目和青年科学基金项目（42177204 和 41703097）的资助。

由于时间和水平有限，书中难免存在笔误、缺陷等，诸多方面有待提高，敬请各位同行专家和广大读者批评指正，提出宝贵意见。

金 洁

2023 年 9 月

目　　录

第1章 绪 论

人类活动产生的疏水性有机污染物（hydrophobic organic contaminants，HOCs）容易进入土壤并累积，甚至引发土壤污染。土壤对 HOCs 的吸附影响着它们的迁移转化、生物有效性和毒性。土壤有机质（soil organic matter，SOM）是 HOCs 的主要吸附位点，但是 SOM 的结构和组成具有高度异质性，其吸附 HOCs 的微观机理尚待深入研究。另外，由于生物炭具有独特的理化性质和对 HOCs 的优异吸附性能，生物炭已经成为近几年来应对环境污染和气候变化研究中一个极其活跃的新兴研究领域，也是目前地球化学和土壤学研究的热点问题之一。相对于本底 SOM，生物炭是一种外源有机质，生物炭还田后，在风化过程中会形成胡敏酸（humic acid，HA）类似物，成为 SOM 中的一部分，这势必会影响 SOM 的组成特征，进而影响 HOCs 在土壤环境中的迁移和归宿。为了明确土壤和生物炭及其有机质组分对 HOCs 环境行为的影响，需要深入解析土壤和生物炭及其有机质组分的组成特征，并探究它们对 HOCs 的吸附行为和机制。开展此方面的研究可以为准确预测 HOCs 在环境中的迁移和归宿及应用生物炭进行污染土壤修复提供理论依据，也可以为生物炭还田应用和环境友好的修复材料制备提供技术支持（Beesley et al.，2011）。

1.1 土壤有机质的理化特征和吸附特性

1.1.1 土壤有机质的理化特征

SOM 是指自然土壤中各种低分子有机化合物（如游离的氨基酸、糖类等）和高分子有机化合物（如纤维素、蛋白质、脂类、酶、氨基糖、多酚和腐殖酸等）的混合物（Certini et al.，2006）。土壤有机质在许多环境过程中起着重要作用，如固定、转移和转化外来污染物（Hiemstra et al.，2013；Kang et al.，2005），这种作用与其理化性质密不可分。

土壤有机质的主要组分是腐殖质（humic substance，HS），一般情况下腐殖质碳在总有机碳（total organic carbon，TOC）中的质量分数为60%以上（Certini et al.，2006）。根据溶解度的差异，可以将腐殖质分为富里酸（fulvic acid，FA）、胡敏酸（HA）和胡敏素（humin，HM）。富里酸可以溶于酸，也可以溶于碱，富含羧基和羟基。胡敏素既不溶于酸，也不溶于碱，占土壤腐殖质总量的50%~80%，是腐殖质的重要组成部分。核磁共振碳谱（carbon-13 nuclear magnetic resonance spectroscopy，^{13}C-NMR）谱图显示胡敏素的脂肪链上含有大量的羧基、碳水化合物及一定量的甲基、醚、羧基和酰基等（Sun et al.，2013a；Kang et al.，2005）。胡敏酸溶于碱而不溶于酸，是一种经过长期地球化学过程形成的天然高分子（Sutton et al.，2005）。^{13}C-NMR谱图显示胡敏酸中含有脂肪链、烷氧基、芳香基、羧基和羰基等各种官能团（Sun et al.，2013a；Kelleher et al.，2006）。胡敏酸是迄今为止分子结构尚未探明的重要天然有机质（natural organic matter，NOM），其组成结构是否存在统一规律仍有待确定。有观点认为胡敏酸是由小分子通过疏水作用和氢键作用而结合在一起的超分子体系，并不具有独特的结构（Sutton et al.，2005）。对土壤有机质不同组分进行更精确的组成结构分析对研究相关生物地球化学过程、全球碳循环及全球变化都有重要的基础意义。此外，由于土壤中腐殖质的含量丰富，其组分组成发生微小的改变，都会对土壤的性质及生态服务功能产生巨大的影响。

1.1.2　土壤有机质对疏水性有机污染物的吸附

SOM是HOCs进入土壤后主要的富集载体（Sun et al.，2013a；Chiou et al.，1979）。SOM对HOCs的吸附与有机质的组分、官能团特征、微孔特性、有机-矿物相互作用及HOCs的性质等因素有关。

不同组成和构造的有机质组分对HOCs的吸附存在差异。关于不同组分的有机质对HOCs环境行为影响的差别，学者已进行了大量的研究。研究发现胡敏酸的芳香度越大，其结构致密的区域越多，对HOCs吸附的非线性也越强；而且胡敏酸分子量越大，对HOCs的吸附能力越强，非线性越强（Xing，2001）。与胡敏酸相比，胡敏素对菲具有更大的有机碳归一化的吸附分配系数（$\log K_{oc}$）和更强的非线性（Sun et al.，2013a；Kang et al.，2005）。

不同化学组成的特征官能团（如芳香性官能团与脂肪性官能团）与HOCs的结合存在显著差异（Chefetz et al.，2009；Kang et al.，2005）。关于SOM组成对HOCs吸附影响的研究很多，但关于芳香性官能团和脂肪性官能团在吸附中的相对重要性仍难以定论。例如，Ahmad 等（2001）和 Perminova（1999）研究提出 SOM 的芳香性官能团在 HOCs 的吸附中占主导地位,而另一些研究强调了 SOM 的脂肪性官能团在 HOCs 吸附中的潜在作用（Sun et al.，2008；Cuypers et al.，2002；Mao et al.，2002）。Chefetz 等（2009）综述了领域内近百篇文献，发现 SOM 样品的吸附系数与脂肪性官能团之间大体上呈正相关趋势；但有趣的是，当将工程吸附剂（通过漂白、炭化和提取等物化过程改性的样品）的吸附数据加入后，吸附系数随着样品的芳香度升高呈现大体增加的趋势。Han 等（2014）在此基础上展开了进一步的研究，通过选择性地去除 SOM 和生物炭中的非致密性芳香碳，发现 SOM 的脂肪性官能团在 HOCs 的吸附中起主导作用，而 HOCs 在生物炭上的吸附主要受芳香性官能团支配。可见，官能团组成对 HOCs 的影响与吸附剂来源有关。此外，有机质官能团的极性也会影响 HOCs 的吸附（Wang et al.，2011b，2007；Yang et al.，2011；Kang et al.，2005）。极性官能团可以通过氢键作用结合水分子形成水簇，降低吸附剂对 HOCs 的可及性，从而降低吸附剂的吸附能力（Wang et al.，2011b；Yang et al.，2011）。

纳米孔填充机制在富含微孔的有机质材料（如煤样、黑碳、干酪根等）对 HOCs 的吸附中起着重要作用（Han et al.，2014；Jonker et al.，2002）。SOM 对菲的 $\log K_{oc}$ 与通过 CO_2 吸附测得的比表面积（CO_2-SA，SA 为 surface area）呈正比，表明纳米孔填充机制在 SOM 对菲的吸附过程中占主导地位（Han et al.，2014）。除了微孔体积分数，SOM 的微孔来源也会对吸附产生影响。SOM 的微孔可能来源于脂肪碳结构，工程材料（如生物炭）的微孔可能来源于芳香性组分，因此，SOM 和生物炭的微孔对吸附的作用会受脂肪碳和芳香碳的吸附特征的影响（Han et al.，2014）。

有机-矿物的络合物是土壤的重要组分（Young et al.，2004）。有机-矿物相互作用可能通过改变有机质的空间结构和表面极性等影响 HOCs 的吸附及环境行为（Yang et al.，2011；Kleber et al.，2007；Wang et al.，2005）。Wang 等（2005）发现胡敏酸与蒙脱石和高岭土结合后，对菲的吸附系数会增加几倍。此外，有机质与矿物作用后，其微尺度组分的排列会发生改变，由此产生的有机质组分的空间排列及表面极性的改变对 HOCs 的吸附行为也会产生影响（Yang et al.，2011；Kleber et al.，2007）。Yang 等（2011）研究发现去矿使胡敏酸的表面极性增加，胡敏素的表面极性降低，而胡敏酸和胡敏素的表面极性与其对菲的吸附系数之间有很好的相关性。可以确定，土壤中的矿物可以改变有机质的物化性质，进而影响对 HOCs 的吸附。

HOCs 自身的理化性质也会影响它们在 SOM 中的吸附。研究证实 HOCs 的辛醇-水分配系数（K_{ow}）、极性、分子大小、酸解离常数、构象、官能团、H 键受

体或供体能力及 π 电子供体或受体能力等理化性质都会对其吸附行为产生影响（Ran et al.，2013；Pan et al.，2011；Sander et al.，2005；Xing，2001）。本书将介绍非极性的多环芳烃菲和几种典型农药在 SOM 组分上的吸附行为和机制。

1.1.3 土壤有机质吸附特性的研究方法

通常采用序批式实验方法获得 SOM 对 HOCs 的吸附等温线，根据吸附参数分析 SOM 的吸附特性。吸附实验的背景溶液中添加 0.01 mol/L 的 CaCl$_2$（或 0.02 mol/L NaCl）用于控制离子强度，并添加 200 mg/L 的 NaN$_3$ 以减少微生物活性。称取一定量的 SOM 组分，放入 8～40 mL 的玻璃小瓶中，使最初添加的 HOCs 有 20%～80%被吸附。在设定初始水相 HOCs 的浓度（C_0，μg/L）时，保证样品的吸附等温线数据均匀分布在对数-对数坐标图上，而且水相的溶质平衡浓度（C_e，μg/L）的范围大约覆盖 3 个数量级。可根据 HOCs 在水中的检测限和溶解度确定初始浓度。通过预实验研究达到表观吸附平衡的时间。随后将 HOCs 溶液加入玻璃小瓶并振荡，使吸附达到平衡。所有的玻璃瓶中尽量装满吸附质溶液，减少顶部空间，以减少溶质挥发损失。所有实验（包括空白）都设有平行样，实验在室温（23℃±1℃）和避光条件下进行。到达平衡时间后，所有的小瓶在 1 000 g 下离心 20 min，然后从每个小瓶取出约 2 mL 上清液加入对应的 2 mL 小瓶中。用高效液相色谱法（high performance liquid chromatography，HPLC）或其他方法检测吸附质浓度。

所得吸附数据采用吸附模型如弗罗因德利希（Freundlich）模型的对数形式进行拟合：

$$\log q_e = \log K_F + n \log C_e \tag{1.1}$$

$$K_d = q_e / C_e \tag{1.2}$$

$$K_{oc} = K_d / f_{oc} \tag{1.3}$$

式中：q_e 为固相浓度，μg/g；C_e 为液相浓度，μg/L；K_F 为吸附亲和力相关系数，(μg/g)/(μg/L)^n，n 是反映吸附位点能量异质性的参数，经常被用作吸附等温线的非线性指标，这里 n 使用最小二乘回归法计算得出；K_d 为吸附分配系数；此外，还可以计算不同浓度点（如 $C_e=0.01S_w$、$0.1S_w$ 和 $1S_w$，S_w 为溶质的水溶解度）的固/液分配系数 $\log K_{oc}$ 值，描述吸附质在吸附剂上的吸附量。用 Origin 或者 SigmaPlot 软件拟合吸附数据，绘制吸附等温线图；用 SPSS 软件分析吸附剂的物化性质与吸附系数之间的相关性。

1.2 生物炭的定义和理化特征

1.2.1 生物炭的定义

2009 年，Lehmann 等在其所著的《生物炭在环境管理中的应用：科学与技术》（Biochar for Environmental Management：Science and Technology）一书中，将生物炭［（biomass-derived black carbon（生物质来源的黑碳）或 biochar］定义为生物质在缺氧或有限氧气供应和相对较低温度（<700℃）下热解得到的富碳产物，用于施入土壤进行土壤改良和碳封存。2015 年，国际生物炭协会（International Biochar Initiative，IBI）再次完善了生物炭的概念和内涵，指出生物炭是生物质在缺氧条件下通过热化学转化得到的固态产物，它可以单独或者作为添加剂使用，能够改良土壤、提高资源利用效率、改善或避免特定的环境污染，以及作为温室气体减排的有效手段，进一步突出了生物炭在农业、环境领域中的作用（Chen et al.，2019）。陈温福院士在其提出的"秸秆炭化还田"理论中指出，生物炭是来源于秸秆等植物源农林业生物质废弃物，在缺氧或有限氧气供应和相对较低温度（450～700℃）下热解得到的，以返还农田提升耕地质量、实现碳封存为主要应用方向的富碳固体产物（Chen et al.，2019；张伟明 等，2019）。

除了人为生产的生物炭，自然环境中还存在很多其他与生物炭类似的火成有机质（pyrogenic organic matter，PyOM），如森林火灾产生的木炭、黑炭，工厂烟囱排放的煤灰等。每年全球生物质的燃烧会产生 $4\times10^7 \sim 25\times10^7$ t 的 PyOM（Lehmann，2007）。PyOM 在环境中广泛存在。全球沉积物、土壤和水体中 PyOM 的储量达 $3\times10^{11} \sim 5\times10^{11}$ t（Hockaday et al.，2007）。特别是在草原和北方森林土壤里，PyOM 在土壤 TOC 中的质量分数高达 40%（Preston et al.，2006）。PyOM 具有稠环结构，比天然形成的有机质更为稳定，从土壤中分离出的火灾残留物的放射性碳年龄能达到 1160～5040 年，也证实了这点（Schmidt et al.，2002，2000）。因此，研究者提出向土壤中添加生物炭形式的 PyOM 以增加碳储量，这是减缓气候变暖的一个新途径（Lehmann，2007）。

1.2.2 生物炭的理化特征

近年来，生物炭在减缓全球气候变暖、制备生物能源、提高土壤肥力及吸附和固定污染物等方面的巨大潜力吸引了越来越多国内外研究者的关注（Lehmann et al., 2015；Schmidt et al., 2011）。生物炭在生物地球化学循环中的作用与其组成特征紧密相关（Keiluweit et al., 2010）。不同的生物炭组成特征差异很大，这主要是受生物质原材料和制备条件的影响（Lehmann et al., 2015；Spokas et al., 2012；Keiluweit et al., 2010）。常见的生物炭的原材料包括作物秸秆、动物粪便、碎木屑和城市污泥等（Sun et al., 2013b；Hossain et al., 2011；Keiluweit et al., 2010）。不同生物质原材料中纤维素、半纤维素、木质素和无机灰分等质量分数也不相同（Qiu et al., 2015；Keiluweit et al., 2010），制备得到的生物炭组成也存在差异。例如，植物来源生物炭中的矿物质量分数远低于动物粪便制得的生物炭（Novak et al., 2009）。此外，制备温度对生物炭的组成和结构也具有很大的影响。Keiluweit 等（2010）根据不同制备温度下生物炭的理化性质的差异，将其分为 4 类：①过渡生物炭，原材料中木质素和纤维素发生脱水和解聚合作用，挥发性分解产物在生物质基本完整的结晶基体中形成非晶形中心；②无定形生物炭，几乎不含纤维素晶体，由大量脂肪族和杂环原子组成；③复合生物炭，石墨微晶嵌入低密度无定形相中；④乱层结构生物炭，具有许多纳米孔的无序石墨晶体相。由于生物质原料和燃烧温度等条件的差异，环境中的生物炭等 PyOM 的物质组成并不是单一的，既包括结构稍微改变的生物聚合物，也包括高度凝聚态的芳香物质（如烟煤）（Schmidt et al., 2011，2000）。

1.3 生物炭添加对土壤有机质组成和吸附特性的影响

1.3.1 生物炭添加对土壤有机质组成的影响

生物炭添加到土壤中后，在各种物理作用和微生物作用下，会发生氧化（Hale et al., 2011；Cheng et al., 2009）。由于不同生物炭组成和结构具有明显差异，它们在土壤中的稳定性也不同。生物炭的稳定性主要受燃烧温度（Schmidt et al., 2011）、来源和制备的方法（Bamminger et al., 2014；Mašek et al., 2013）及共存的矿物（Qian et al., 2014）等因素的影响。例如，生物炭中的硅会通过影响热量传输及挥发性物质的释放等来改变生物炭的碳结构及其空间构象，进而对有机碳组分的稳定性产生影响（Guo et al., 2014；Epstein, 2009）。由于不同类型的生物质制得的生物炭中硅的质量分数和微观结构会有一定的差异（Wang et al., 2011a），其稳定性也不尽相同。此外，燃烧温度可以影响生物炭的芳香性和芳香缩合度大小（Keiluweit et al., 2010），而这两者决定了生物炭的短期矿化速率（Schmidt et al., 2011）。

土壤中大量存在着的 PyOM 及生物炭在土壤改良中的应用势必对 SOM 的组成特征产生影响。对亚马孙黑土、日本火山灰土壤及其他一些 PyOM 含量丰富的土壤的研究发现，大火可能是土壤中 HA 的形成机理之一（Shindo et al.，2016；Araujo et al.，2014；Mao et al.，2012；Novotny et al.，2007；de Melo Benites et al.，2005）。这些研究指出，经过氧化作用和水合作用，部分生物炭会形成 FA 和 HA 类似物。通过定量 ^{13}C-NMR 分析发现，亚马孙黑土中火成 HA 大部分是 6 环的芳香平面结构，边缘被羧基取代（Mao et al.，2012）。与从土壤中提取的天然 HA 相比，火成 HA 含有更多的羧酸官能团，因而具有更强的阳离子交换能力，对所在地区土壤中有机质的积累和土壤肥力的提升可能具有重要影响（Mueller-Niggemann et al.，2016；Hiemstra et al.，2013；Mao et al.，2012）。为了明确这种影响，需要对 PyOM 组分的组成特征进行详细的研究，并对比其与腐殖化过程形成的 NOM 组分在组成特征上的异同。虽然上文引用的高水平研究中对 PyOM 组分的组成和结构进行了细致的分析，但是它们是采集 PyOM 含量丰富的土壤，然后提取其中的有机质作为 PyOM 来进行研究的。用真实环境中的 PyOM 样品进行分析，对揭示 PyOM 对 SOM 的影响具有重要意义。但是需要注意的是，环境中的 PyOM 组成并不是均一的，既有结构稍微发生改变的无定形组分，也有致密度高的稠环组分（Keiluweit et al.，2010）。通过从环境样品中分离 PyOM 的研究方法难以解答什么来源和燃烧温度下产生的 PyOM 能在土壤中保存下来、具有不同组成特征的 PyOM 所形成的 HA 是否存在差异等问题，而对这些问题的探讨和解答，是研究 PyOM 对 SOM 组成影响的关键步骤。此外，上述研究中提取 SOM 作为 PyOM，并没有进行进一步的纯化或分离去除 PyOM 上覆盖的 NOM 组分，因而需要满足一个前提假设，即 SOM 中通过腐殖化形成的 NOM 含量很低，可以忽略，而这个假设是难以成立的。此外，有研究表明生物炭添加到土壤中后，会与土壤组分发生相互作用（Cheng et al.，2008），而且实验室模拟实验也发现生物炭对 HA 具有很强的吸附能力，因此生物炭添加到环境中后，容易被 NOM "污染"（Kasozi et al.，2010）。可以推测在上述研究中，天然 HA 的存在会对 PyOM 组分的表征结果产生影响。

Novotny 等（2009）研究指出把亚马孙黑土中的 HA 看作天然 HA 和火成 HA 的混合物，可以得到很好的模拟结果。为了研究 PyOM 对 SOM 组成特征的影响，需要使用未受 NOM "污染"的 PyOM 作为研究对象，并对比 PyOM 与 NOM 组分组成的异同。然而关于这方面的研究很少。有研究提出用氧化试剂（如 HNO_3）处理生物炭后，可以从中提取出 FA 和 HA 类似物（Hiemstra et al.，2013；Trompowsky et al.，2005），这为排除 NOM "污染"的影响、对纯 PyOM 组分进行研究提供了可能。

1.3.2 　生物炭添加对土壤吸附疏水性有机污染物的影响

　　向土壤中添加重量比为 5%～10% 的生物炭可以提升土壤肥力，提高农作物产量（Lehmann et al.，2015；Woolf et al.，2010）。添加到土壤中的生物炭及土壤中已经存在的 PyOM 必然会与污染物相互作用。在城市和工业区域土壤/沉积物中，HOCs 的吸附主要是由黑碳（black carbon，BC，PyOM 的一种）控制的，研究指出 BC 形式的 PyOM 对 HOCs 的吸附能力能达到 NOM 的 10～1 000 倍（Cornelissen et al.，2005a，2005b）。因此，近年来将生物炭作为受污染土壤中 HOCs 的高效吸附剂受到了越来越多的关注（Teixidó et al.，2013；Jones et al.，2011）。Chen 等（2011）按 0.1% 的比例，向土壤中添加 400℃条件下制备的松针生物炭，发现土壤-生物炭混合物对菲的吸附主要受生物炭支配。由此可见，生物炭的添加将会对 HOCs 在土壤中的吸附行为产生巨大的影响。

　　生物炭在有机污染土壤修复中应用成功的前提是生物炭对 HOCs 的高效吸附可以在真实环境中保持较长的时间。如上所述，生物炭施加到土壤中后会发生老化（Hiemstra et al.，2013；Cheng et al.，2008）。这种老化作用对生物炭吸附 HOCs 的影响仍存在争议。有研究表明老化会降低生物炭对 HOCs 的吸附（Chen et al.，2011；Yang et al.，2003），然而也有研究发现生物炭对 HOCs 的吸附不受老化作用的影响（Hale et al.，2011；Jones et al.，2011）。因此关于老化作用对生物炭吸附的影响，仍需要进一步研究。需要注意的是，在之前的研究中几乎都未考虑火成 HA 的吸附能力。生物炭在老化过程中会形成 HA，可能会影响 HOCs 的吸附。因此，为了明确生物炭对 HOCs 的固定作用，有必要研究火成 HA 对 HOCs 的吸附行为，这也可以为预测 HOCs 在土壤中的迁移和归宿提供科学依据。

　　根据 HOCs 吸附行为的影响因素及火成 HA 的普遍特征，可以对 HOCs 在火成 HA 上的吸附行为进行大致的推测。火成 HA 含有大量的含氧官能团（Hiemstra et al.，2013），亲水性更强，这可能会削弱火成 HA 与 HOCs 的结合力。但是，一方面，火成 HA 的含氧官能团主要是羧基，而且火成 HA 的羧基与芳香环是直接连接的（Mao et al.，2012），羧基是吸电子基团，因此有可能会增强芳香环的 π 受体能力（Jin et al.，2014；Sun et al.，2012），从而增加火成 HA 对 π 供体化合物（如菲）的吸附。此外，与天然 HA 相比，火成 HA 富含芳香碳，可能与 HOCs 有更强的结合力。另一方面，生物炭含有丰富的微孔结构（Han et al.，2014），生物炭形成的 HA 也可能富含微孔结构，从而对 HOCs 具有更强的吸附能力。除了普遍特征外，由于生物炭性质的差异（Keiluweit et al.，2010），不同生物炭形成的火成 HA 的组成特征可能也会存在差异，对 HOCs 的吸附行为也不尽相同。

因此有必要采用不同类型原材料和不同燃烧温度制备的生物炭，氧化后提取 PyOM 组分，考察不同生物炭中提取的有机质组分对 HOCs 吸附行为的异同，探讨火成 HA 和天然 HA 在吸附能力和吸附机理上的差异。这有利于评价施加生物炭可能存在的环境风险，如是否会增加污染物的迁移，从而为生物炭的可持续应用提供科学指导，为预测 HOCs 在环境中的迁移和归宿提供理论依据，是生物炭在土壤修复中应用成功与否的关键。

参 考 文 献

张伟明, 陈温福, 孟军, 等, 2019. 东北地区秸秆生物炭利用潜力、产业模式及发展战略研究. 中国农业科学, 52(14): 2406-2424.

Ahmad R, Kookana R S, Alston A M, et al., 2001. The nature of soil organic matter affects sorption of pesticides: 1. Relationships with carbon chemistry as determined by ^{13}C CPMAS NMR spectroscopy. Environmental Science & Technology, 35(5): 878-884.

Araujo J R, Archanjo B S, de Souza K R, et al., 2014. Selective extraction of humic acids from an anthropogenic Amazonian dark earth and from a chemically oxidized charcoal. Biology and Fertility of Soils, 50(8): 1223-1232.

Bamminger C, Marschner B, Jüschke E, 2014. An incubation study on the stability and biological effects of pyrogenic and hydrothermal biochar in two soils. European Journal of Soil Science, 65(1): 72-82.

Beesley L, Moreno-Jiménez E, Gomez-Eyles J L, et al., 2011. A review of biochars' potential role in the remediation, revegetation and restoration of contaminated soils. Environmental Pollution, 159(12): 3269-3282.

Certini G, Scalenghe R, Ugolini F C, 2006. Soils: Basic concepts and future challenges. Cambridge: Cambridge University Press.

Chefetz B, Xing B, 2009. Relative role of aliphatic and aromatic moieties as sorption domains for organic compounds: A review. Environmental Science & Technology, 43(6): 1680-1688.

Chen B, Yuan M, 2011. Enhanced sorption of polycyclic aromatic hydrocarbons by soil amended with biochar. Journal of Soils and Sediments, 11(1): 62-71.

Chen W, Meng J, Han X, et al., 2019. Past, present, and future of biochar. Biochar, 1(1): 75-87.

Cheng C H, Lehmann J, 2009. Ageing of black carbon along a temperature gradient. Chemosphere, 75(8): 1021-1027.

Cheng C H, Lehmann J, Engelhard M H, 2008. Natural oxidation of black carbon in soils: Changes in molecular form and surface charge along a climosequence. Geochimica et Cosmochimica Acta, 72(6): 1598-1610.

Chiou C T, Peters L J, Freed V H, 1979. A physical concept of soil-water equilibria for nonionic organic compounds. Science, 206(4420): 831-832.

Cornelissen G, Gustafsson Ö, 2005a. Importance of unburned coal carbon, black carbon, and amorphous organic carbon to phenanthrene sorption in sediments. Environmental Science & Technology, 39(3): 764-769.

Cornelissen G, Gustafsson Ö, Bucheli T D, et al., 2005b. Extensive sorption of organic compounds to black carbon, coal, and kerogen in sediments and soils: Mechanisms and consequences for distribution, bioaccumulation, and biodegradation. Environmental Science & Technology, 39(18): 6881-6895.

Cuypers C, Grotenhuis T, Nierop K G, et al., 2002. Amorphous and condensed organic matter domains: The effect of persulfate oxidation on the composition of soil/sediment organic matter. Chemosphere, 48(9): 919-931.

De Melo Benites V, de Sá Mendonça E, Schaefer C E G, et al., 2005. Properties of black soil humic acids from high altitude rocky complexes in Brazil. Geoderma, 127(1): 104-113.

Epstein E, 2009. Silicon: Its manifold roles in plants. Annals of Applied Biology, 155(2): 155-160.

Guo J, Chen B, 2014. Insights on the molecular mechanism for the recalcitrance of biochars: Interactive effects of carbon and silicon components. Environmental Science & Technology, 48(16): 9103-9112.

Hale S E, Hanley K, Lehmann J, et al., 2011. Effects of chemical, biological, and physical aging as well as soil addition on the sorption of pyrene to activated carbon and biochar. Environmental Science & Technology, 45(24): 10445-10453.

Han L, Sun K, Jin J, et al., 2014. Role of structure and microporosity in phenanthrene sorption by natural and engineered organic matter. Environmental Science & Technology, 48(19): 11227-11234.

Hiemstra T, Mia S, Duhaut P B, et al., 2013. Natural and pyrogenic humic acids at goethite and natural oxide surfaces interacting with phosphate. Environmental Science & Technology, 47(16): 9182-9189.

Hockaday W C, Grannas A M, Kim S, et al., 2007. The transformation and mobility of charcoal in a fire-impacted watershed. Geochimica et Cosmochimica Acta, 71(14): 3432-3445.

Hossain M K, Strezov V, Chan K Y, et al., 2011. Influence of pyrolysis temperature on production and nutrient properties of wastewater sludge biochar. Journal of Environmental Management, 92(1): 223-228.

IBI, 2015. The standardized product definition and product testing guidelines for biochar that is used in soil. International Biochar Initiative: 1-47.

Jeffery S, Verheijen F G, Van Der Velde M, et al., 2011. A quantitative review of the effects of biochar application to soils on crop productivity using meta-analysis. Agriculture, Ecosystems & Environment, 144(1): 175-187.

Jin J, Sun K, Wu F, et al., 2014. Single-solute and bi-solute sorption of phenanthrene and dibutyl phthalate by plant-and manure-derived biochars. Science of the Total Environment, 473: 308-316.

Jones D, Edwards-Jones G, Murphy D, 2011. Biochar mediated alterations in herbicide breakdown and leaching in soil. Soil Biology and Biochemistry, 43(4): 804-813.

Jonker M T, Koelmans A A, 2002. Sorption of polycyclic aromatic hydrocarbons and polychlorinated biphenyls to soot and soot-like materials in the aqueous environment: Mechanistic considerations. Environmental Science & Technology, 36(17): 3725-3734.

Kang S, Xing B, 2005. Phenanthrene sorption to sequentially extracted soil humic acids and humins. Environmental Science & Technology, 39(1): 134-140.

Kasozi G N, Zimmerman A R, Nkedi-Kizza P, et al., 2010. Catechol and humic acid sorption onto a range of laboratory-produced black carbons (biochars). Environmental Science & Technology, 44(16): 6189-6195.

Keiluweit M, Nico P S, Johnson M G, et al., 2010. Dynamic molecular structure of plant biomass-derived black carbon (biochar). Environmental Science & Technology, 44(4): 1247-1253.

Kelleher B P, Simpson A J, 2006. Humic substances in soils: Are they really chemically distinct? Environmental Science & Technology, 40(15): 4605-4611.

Kleber M, Sollins P, Sutton R, 2007. A conceptual model of organo-mineral interactions in soils: Self-assembly of organic molecular fragments into zonal structures on mineral surfaces. Biogeochemistry, 85(1): 9-24.

Lehmann J, 2007. A handful of carbon. Nature, 447(7141): 143-144.

Lehmann J, Joseph S, 2009. Biochar for environmental management: Science and technology. London: Routledge.

Lehmann J, Joseph S, 2015. Biochar for environmental management: Science, technology and implementation. 2nd edition. London: Routledge.

Mao J D, Hundal L, Thompson M, et al., 2002. Correlation of poly(methylene)-rich amorphous aliphatic domains in humic substances with sorption of a nonpolar organic contaminant, phenanthrene. Environmental Science & Technology, 36(5): 929-936.

Mao J D, Johnson R, Lehmann J, et al., 2012. Abundant and stable char residues in soils: Implications for soil fertility and carbon sequestration. Environmental Science & Technology,

46(17): 9571-9576.

Mašek O, Brownsort P, Cross A, et al., 2013. Influence of production conditions on the yield and environmental stability of biochar. Fuel, 103: 151-155.

Mueller-Niggemann C, Lehndorff E, Amelung W, et al., 2016. Source and depth translocation of combustion residues in Chinese agroecosystems determined from parallel polycyclic aromatic hydrocarbon(PAH) and black carbon(BC) analysis. Organic Geochemistry, 98: 27-37.

Novak J M, Busscher W J, Laird D L, et al., 2009. Impact of biochar amendment on fertility of a southeastern coastal plain soil. Soil Science, 174(2): 105-112.

Novotny E H, De Azevedo E R, Bonagamba T J, et al., 2007. Studies of the compositions of humic acids from Amazonian dark earth soils. Environmental Science & Technology, 41(2): 400-405.

Novotny E H, Hayes M H, Madari B E, et al., 2009. Lessons from the Terra Preta de Índios of the Amazon region for the utilisation of charcoal for soil amendment. Journal of the Brazilian Chemical Society, 20(6): 1003-1010.

Pan B, Tao S, Wu D, et al., 2011. Phenanthrene sorption/desorption sequences provide new insight to explain high sorption coefficients in field studies. Chemosphere, 84(11): 1578-1583.

Perminova I V, 1999. Size exclusion chromatography of humic substances: Complexities of data interpretation attributable to non-size exclusion effects. Soil Science, 164(11): 834-840.

Preston C, Schmidt M, 2006. Black (pyrogenic) carbon: A synthesis of current knowledge and uncertainties with special consideration of boreal regions. Biogeosciences, 3(4): 397-420.

Qian L, Chen B, 2014. Interactions of aluminum with biochars and oxidized biochars: Implications for the biochar aging process. Journal of Agricultural and Food Chemistry, 62(2): 373-380.

Qiu M, Sun K, Jin J, et al., 2015. Metal/metalloid elements and polycyclic aromatic hydrocarbon in various biochars: The effect of feedstock, temperature, minerals, and properties. Environmental Pollution, 206: 298-305.

Ran Y, Yang Y, Xing B, et al., 2013. Evidence of micropore filling for sorption of nonpolar organic contaminants by condensed organic matter. Journal of Environmental Quality, 42(3): 806-814.

Sander M, Pignatello J J, 2005. Characterization of charcoal adsorption sites for aromatic compounds: Insights drawn from single-solute and bi-solute competitive experiments. Environmental Science & Technology, 39(6): 1606-1615.

Schmidt M W, Noack A G, 2000. Black carbon in soils and sediments: Analysis, distribution, implications, and current challenges. Global Biogeochemical Cycles, 14(3): 777-793.

Schmidt M W, Skjemstad J O, Jäger C, 2002. Carbon isotope geochemistry and nanomorphology of soil black carbon: Black chernozemic soils in central Europe originate from ancient biomass burning. Global Biogeochemical Cycles, 16(4): 701-708.

Schmidt M W, Torn M S, Abiven S, et al., 2011. Persistence of soil organic matter as an ecosystem property. Nature, 478(7367): 49-56.

Schneider M P, Hilf M, Vogt U F, et al., 2010. The benzene polycarboxylic acid(BPCA) pattern of wood pyrolyzed between 200 ℃ and 1000 ℃. Organic Geochemistry, 41(10): 1082-1088.

Shindó H, Nishimura S, 2016. Pyrogenic organic matter in Japanese Andosols: Occurrence, transformation, and function//Guo M, He Z, Uchimiya M. Agricultural and environmental applications of biochar: Advances and barriers. Madison: SSSA Special Publication: 29-62.

Spokas K A, Cantrell K B, Novak J M, et al., 2012. Biochar: A synthesis of its agronomic impact beyond carbon sequestration. Journal of Environmental Quality, 41(4): 973-989.

Sun K, Jin J, Kang M, et al., 2013a. Isolation and characterization of different organic matter fractions from a same soil source and their phenanthrene sorption. Environmental Science & Technology, 47(10): 5138-5145.

Sun K, Jin J, Keiluweit M, et al., 2012. Polar and aliphatic domains regulate sorption of phthalic acid esters (PAEs) to biochars. Bioresource Technology, 118: 120-127.

Sun K, Kang M, Zhang Z, et al., 2013b. Impact of deashing treatment on biochar structural properties and potential sorption mechanisms of phenanthrene. Environmental Science & Technology, 47(20): 11473-11481.

Sun K, Ran Y, Yang Y, et al., 2008. Sorption of phenanthrene by nonhydrolyzable organic matter from different size sediments. Environmental Science & Technology, 42(6): 1961-1966.

Sutton R, Sposito G, 2005. Molecular structure in soil humic substances: The new view. Environmental Science & Technology, 39(23): 9009-9015.

Teixidó M, Hurtado C, Pignatello J J, et al., 2013. Predicting contaminant adsorption in black carbon (biochar)-amended soil for the veterinary antimicrobial sulfamethazine. Environmental Science & Technology, 47(12): 6197-6205.

Trompowsky P M, De Melo Benites V, Madari B E, et al., 2005. Characterization of humic like substances obtained by chemical oxidation of eucalyptus charcoal. Organic Geochemistry, 36(11): 1480-1489.

Wang K, Xing B, 2005. Structural and sorption characteristics of adsorbed humic acid on clay minerals. Journal of Environmental Quality, 34(1): 342-349.

Wang W, Martin J C, Zhang N, et al., 2011a. Harvesting silica nanoparticles from rice husks. Journal of Nanoparticle Research, 13(12): 6981-6990.

Wang X, Guo X, Yang Y, et al., 2011b. Sorption mechanisms of phenanthrene, lindane, and atrazine with various humic acid fractions from a single soil sample. Environmental Science & Technology, 45(6): 2124-2130.

Wang X, Xing B, 2007. Sorption of organic contaminants by biopolymer-derived chars. Environmental Science & Technology, 41(24): 8342-8348.

Woolf D, Amonette J E, Street-Perrott F A, et al., 2010. Sustainable biochar to mitigate global climate change. Nature Communications, 1: 56.

Xing B, 2001. Sorption of naphthalene and phenanthrene by soil humic acids. Environmental Pollution, 111(2): 303-309.

Yang Y, Sheng G, 2003. Pesticide adsorptivity of aged particulate matter arising from crop residue burns. Journal of Agricultural and Food Chemistry, 51(17): 5047-5051.

Yang Y, Shu L, Wang X, et al., 2011. Impact of de-ashing humic acid and humin on organic matter structural properties and sorption mechanisms of phenanthrene. Environmental Science & Technology, 45(9): 3996-4002.

Young I M, Crawford J W, 2004. Interactions and self-organization in the soil-microbe complex. Science, 304(5677): 1634-1637.

第2章 土壤有机质组分对菲的
吸附行为和机制

当 TOC 的质量分数大于 0.1%时，SOM 是 HOCs 在土壤中的主要吸附剂（Schwarzenbach et al.，1981）。研究者将 SOM 的物理化学特性与吸附能力进行关联分析，以更好地识别在土壤和沉积物中控制 HOCs 吸附的结构单元（Zhang et al.，2023；Kim et al.，2020；Ahmed et al.，2015；Guo et al.，2013）。目前，关于 SOM 的芳香性官能团和脂肪性官能团在 HOCs 吸附中的相对重要性仍存在争议（Sun et al.，2008；Salloum et al.，2002；Ahmad et al.，2001；Perminova et al.，1999）。SOM 的主要吸附位点难以确定，可能是因为这些研究中使用的是不同来源的 SOM 吸附剂。本章从单一的土壤中分离出一系列 SOM，随后研究其对 HOCs 的吸附，以探讨化学组成（芳香碳和脂肪碳）在吸附中所起的作用。通过使用从同一源材料中分离的一系列 SOM，可以尽量消除矿物、SOM 前体物及其他因素对吸附效果的影响。

除了化学特性，有机质的构造和极性也会影响 SOM 对 HOCs 的吸附（Wang et al.，2011；Chen et al.，2005）。SOM 中的矿物可以改变 SOM 的构造（Feng et al.，2006）。此外，SOM 的烷基碳结构由两种类型的吸附结构组成：晶体和非晶体。Hu 等（2000）研究认为无定形亚甲基碳是 HOCs 的主要吸附位点。SOM 的极性会降低吸附位点的可及性，从而降低吸附能力（Kang et al.，2005）。官能团（或极性）可能分布在 SOM 的表面和内部（Lehmann et al.，2008）。Yang 等（2011）强调了表面极性对 HOCs 吸附的重要性。然而，到目前为止，关于同一来源的 SOM 组分对 HOCs 吸附的研究很少，理解尚不透彻。据报道，起源、年龄和其他环境因素都会影响 SOM 的元素组成、官能团和结构（Wen et al.，2007），进而影响 HOCs 的吸附（Xing，2001；Hu et al.，2000）。然而，Yang 等（2011）只使用一种泥炭土分离出不同的 SOM 组分，研究 SOM 的性质及其与 HOCs 的相互作用。考虑到 SOM 组分吸附特征的多样性及泥炭土（即有机土）和矿质土壤之间的巨大差异（Brady et al.，2008），应该对不同种类的土壤进行研究。

　　热分析是一种价廉、样品制备简单、分析结果输出迅速且可重复的表征手段，近来用热分析技术对 SOM 组分进行分析获得越来越多的关注（Plante et al.，2009）。热分析被广泛应用于土壤中 SOM 组分的热稳定性和惰性的检测（Kleber et al.，2011；Wang et al.，2011；Yang et al.，2011）。SOM 的热分析参数可能与 SOM 的化学组成及 HOCs 的吸附行为之间存在关联。

　　因此，本章考察从同一矿物土壤中分离出的 SOM 组分的结构特征（如芳香度与脂肪度）、结构（如无定形、致密态及矿物）和极性（表面极性和整体极性）在 HOCs 吸附中的相对重要性，探讨 SOM 组分的热分析参数、组成及吸附行为之间的关系。

2.1　土壤中不同有机质组分的分离提取和分析方法

2.1.1　分离提取

　　从中国东北三江平原（46°58′N，132°53′E）采集秋后白浆土（albic soil，记作 A）和黑土（black soil，记作 B）土壤样品（0～20 cm）。三江平原是一片沼泽地，由松花江、黑龙江和乌苏里江的河流冲积汇合而成。该地区属温带大陆性季风气候，年平均气温为 2.1 ℃，年平均降水量为 525 mm（6～9 月降水量为全年的80%），平均无霜期为 130 d。采样区域连续几十年都是种植水稻（C3 植物），每年收获一次，收获后的秸秆采取焚烧处理。冬季采样区域没有作物生长。该地区水稻田中，由于温度低且为厌氧环境，微生物过程进行缓慢（Ouyang et al.，2013）。A 土壤在这个区域广泛分布，它的剖面组成为松软表层、白浆土 E 层及厚厚的黏土层，这种构成有利于水分保持，但空气流通性能差，呈微酸性（蒸馏水中测得pH 为 5.7）。其中，白浆土主要矿物为石英和水云母。B 土壤为黏壤土质地，呈微酸性（蒸馏水中测得 pH 为 6.2）。B 土壤矿物主要为石英和蒙脱石。A 土壤和 B 土壤原样中 C 的质量分数分别为 2.7% 和 4.4%，N 质量分数分别为 0.13% 和 0.30%（表 2.1）。与 B 土壤相比，A 土壤酸性更强、N 质量分数略低，这会限制 A 土壤中微生物的活性（Ouyang et al.，2013；Kramer et al.，2003），这也意味着 A 土壤和 B 土壤中 SOM 组分具有不同的分解程度。这可能会导致它们的组成不同，进而影响 SOM 组分的组成和稳定性之间的相关性。

表 2.1　白浆土（A）和黑土（B）及其有机质组分的元素组成和比表面积

样品	质量分数[1]/%				整体(O+N)/C	质量分数[2]/%							表面(O+N)/C	CO_2-SA	灰分质量分数/%	f_{om}[b]
	C	H	N	O		C	O	N	Si	F	Na	Al				
						A 土壤及其 SOM 组分										
A-S0	2.7	1.00	0.13	nd[a]	nd	21.6	37.3	2.0	24.8	nd	nd	14.3	1.37	41.0	nd	nd
A-DM	30.0	3.36	1.32	23.1	0.62	60.5	21.1	2.5	6.8	6.4	2.7	UL[c]	0.30	51.4	42.2	57.8
A-HM1	20.5	2.55	1.03	19.8	0.77	62.2	16.6	2.1	5.9	13.2	UL	UL	0.23	42.5	56.1	43.9
A-HM2	35.3	3.85	1.88	23.0	0.54	62.5	21.3	3.1	6.4	3.6	3.1	UL	0.30	61.6	36.0	64.0
A-NHC	42.2	4.28	0.69	19.2	0.35	65.8	20.9	4.5	5.6	UL	3.2	UL	0.30	31.4	33.6	66.4
A-HA3	45.9	3.35	2.26	27.1	0.49	63.5	25.9	3.2	2.3	5.0	UL	UL	0.35	21.7	21.4	78.6
A-HA4	51.8	3.30	1.51	25.9	0.40	67.9	25.8	2.5	1.7	2.2	UL	UL	0.32	46.4	17.5	82.5
A-HA1	11.4	2.46	0.54	16.8	1.15	23.0	31.9	2.5	21.0	4.7	1.7	10.7	1.13	89.4	68.8	31.2
D-A-HA1	60.1	4.73	2.59	29.8	0.41	67.8	28.4	3.4	0.4	UL	UL	UL	0.36	89.2	2.8	97.2
A-HA2	27.3	3.49	2.29	21.7	0.67	nd	nd	nd	nd	nd	nd	nd	nd	52.5	45.2	54.8
D-A-HA2	56.3	5.69	4.80	22.7	0.38	67.8	26.5	4.9	0.6	0.2	UL	UL	0.35	nd	10.5	89.5

续表

样品	质量分数 1/%					质量分数 2/%								CO$_2$-SA	灰分质量分数/%	f_{om} b
	C	H	N	O	整体 (O+N)/C	C	O	N	Si	F	Na	Al	表面 (O+N)/C			
						B 土壤及其 SOM 组分										
B-S0	4.4	1.26	0.30	nd	nd	25.5	44.5	2.7	27.3	nd	nd	nd	1.40	60.9	nd	nd
B-DM	50.9	5.14	2.01	28.1	0.45	57.1	22.8	3.6	6.8	7.3	2.3	UL	0.35	65.4	13.9	86.2
B-HM1	19.3	2.42	1.33	19.9	0.83	40.6	15.7	3.4	5.7	26.0	5.6	UL	0.36	61.0	57.1	43.0
B-HM2	42.9	4.34	2.65	29.1	0.56	63.1	24.0	3.1	4.0	2.9	2.9	UL	0.33	44.3	21.0	79.0
B-NHC	50.8	4.00	1.17	25.7	0.40	60.6	17.7	2.5	3.6	UL	2.6	UL	0.26	100.2	18.3	81.7
B-HA3	52.0	3.34	2.71	31.0	0.49	58.3	22.8	3.8	3.4	8.2	3.5	UL	0.35	70.8	11.0	89.1
B-HA4	53.6	3.05	1.71	28.8	0.43	63.5	23.2	2.7	3.8	4.5	2.3	UL	0.31	65.9	12.8	87.2
B-HA1	13.6	2.49	0.53	20.1	1.14	22.5	38.1	2.4	28.4	6.5	2.1	UL	1.36	131.2	63.3	36.7
D-B-HA1	53.2	4.06	2.05	30.9	0.47	63.9	27.7	4.7	3.7	UL	UL	UL	0.39	nd	9.8	90.2
B-HA2	27.4	2.84	2.02	17.7	0.55	43.9	36.5	3.1	16.0	0.5	UL	UL	0.68	96.7	50.0	50.0
D-B-HA2	58.7	4.87	3.45	24.9	0.37	72.4	24.0	3.5	UL	UL	UL	UL	0.29	nd	8.1	91.9

注：1 为整体元素组分分析；2 为 XPS 检测所得的表面元素组分分析；a 为未检测；b 为有机质质量分数；c 为低于检出限；样品的表面极性和整体极性指数通过 (O+N) 和 C 的原子个数比计算得到。

不同的 SOM 组分，包括 HA、HM、不可水解碳（nonhydrolyzable carbon，NHC）和去矿组分（demineralized fraction，DM）的提取步骤见图 2.1。提取方法简述如下：用 0.1 mol/L $Na_4P_2O_7$ 处理原始土壤 7 次，收集上层液后加 6 mol/L HCl 调节 pH<2 后，离心，收集沉淀组分，得到 HA1 组分；接着用 0.1 mol/L NaOH 继续处理土壤样品，收集上层液后加酸沉降，得到 HA2 组分（Kang et al.，2005）。取出部分 HA1 和 HA2 样品，加入 HCl/HF（0.1/0.3 mol/L），振荡，离心，得到去矿后的 HA 样品。用 1 mol/L HCl 和体积比为 10% 的 HF 处理原始土壤，固液比为1∶5，在 40℃ 的条件下连续振荡 5 d，离心，去掉上层液；反复处理 6 次后得到 DM；NHC 的提取参考 Gélinas 等（2001）中报道的方法进行，采用 HCl/HF/CF_3CO_2（trifluoroacetic acid，TFA）方法对 DM 进行处理，得到 NHC。用 0.1 mol/L 的 NaOH 处理 DM 和 NHC 组分，分别得到 HA3 和 HA4 组分。对提取出 HA2 和 HA3 之后的剩余样品进行去矿处理，随后以 4 500 r/min 离心 30 min，去除上层液分别得到 HM1 和 HM2 组分。所有 SOM 组分冷冻干燥后，用于表征和吸附实验。从两种土壤（A 和 B）中提取的各种 SOM 的组分，命名的前缀分别为 A- 和 B-；A-SOMs 和 B-SOMs 分别为从 A 和 B 土壤中分离出的 SOM 组分的总称。

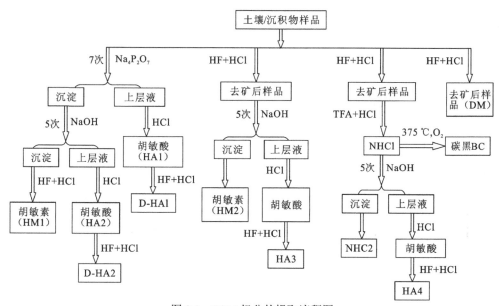

图 2.1　SOM 组分的提取流程图

2.1.2　分析方法

样品的整体 C、H、N 和 O 元素的质量分数通过元素分析仪完全燃烧测定。采用核磁共振仪对样品进行固态交叉极化魔角旋转 ^{13}C-NMR 分析，得到 SOM 组分的有机官能团组成。核磁共振运行参数如下：旋转频率为 12 kHz；接触时间为 3.5 ms；回收延迟时间为 5 s；谱线增宽为 100 Hz。在比表面积分析仪上测得 273 K 条件下 CO_2 在样品上的吸附等温线，通过非局部密度泛函理论（non-local density functional theory，NLDFT）和巨正则蒙特卡罗（grand canonical Monte Carlo，GCMC）方法模拟计算得到样品的比表面积（CO_2-SA）。用 X 射线光电子能谱（X-ray photoelectron spectroscopy，XPS）分析 NOM 组分的表面元素组成，采用电子能谱仪和 225 WD 的单色 Al 靶 X 射线源。用热重分析（thermogravimetry analysis，TGA）表征不同 SOM 组分的热稳定性。称取约 5 mg 的样品用热重分析仪在 N_2 条件下以 10 ℃/min 的加热速率从 25 ℃加热至 945 ℃。据报道，在 TGA 的测试温度范围内，灰分不会分解（Wen et al.，2007）。因此，有机质量分数归一化的剩余质量分数可以通过从原始值中排除灰分的质量分数得到。

不同 SOM 组分对菲的吸附特性研究按 1.1.3 小节所述方法进行。

2.2　土壤中不同有机质组分的理化特征和吸附特性

2.2.1　理化特征

两种原始土壤及其 HA、DM、HM 和 NHC 组分的元素组成列于表 2.1。HA1 组分具有最高的灰分质量分数，A-HA1 和 B-HA1 中灰分的质量分数分别为 68.8% 和 63.3%。用 HF 和 HCl 去矿处理后，HA1 和 HA2 组分的灰分质量分数降低。去矿处理在相当大程度上改变了 HA1 和 HA2 的表面化学组成。去矿之后，HA1 和 HA2 的表面上富集 C 和 O，表面极性（(O+N)/C）（原子个数比，余同）下降。整体 O/C 和 H/C 及整体极性（(O+N)/C）也有所下降。此外，在两个原始土壤、HA1 和 HA2 的表面上检测到一定数量的 Si（质量分数为 16.0%～28.4%）。这与之前的研究不一致，Mikutta 等（2009）研究指出土壤和沉积物颗粒的矿物主要被有机质覆盖。但是也有大量的证据显示有相当一部分的矿物表面并未覆盖有机质（Kleber et al.，2010），这也支持了本节的研究结果。

这些 SOM 组分中碳官能团分布的巨大差异表明了它们结构的异质性（图 2.2

和表 2.2)。此外,在 4 个不同的 HA 组分中,脂肪碳相对比例的大小顺序为: D-HA2>
D-HA1>HA3>HA4(用 2 个 D-HA 样品来比较是因为未能获得两个 HA 样品的
NMR 数据,它们含有大量的矿物质,会干扰 NMR 分析),这个顺序和芳香碳的
顺序是相反的。此外,HA2 和 D-HA2 主要是由烷基、甲氧基、碳水化合物、芳
基和羧基碳组成,而 HA3 主要包括芳香族和羧基碳。HA2 和 HA3 使用同样的提
取方法,分别从原土及 DM 中分离提取出来,该结果表明对受试土壤进行去矿会
改变 HA 的官能团。然而,HM1 和 HM2 具有相似的官能团组成,表明 HA 提取
和去矿的先后顺序对 HM 有机质的官能团组成没有明显的影响,但官能团的相对
丰度会发生改变(图 2.2 和表 2.2)。另外,与前体物 DM 相比,提取出 HA3 后,
两种土壤的 HM2 都含有较高比例的脂肪碳和较低比例的芳香碳,这意味着 DM
的芳香碳与矿物结合不如脂肪碳与矿物结合得紧密,或者 DM 的芳香碳的溶解度
可能会比相应的脂肪碳更高。最后,大多数 SOM 组分的表面极性比其相应的整
体极性要低(表 2.1),这表明干燥之后,部分的亲水性位点将分布在它们的内部,
而疏水性组分富集在表面。值得注意的是,这些 SOM 组分含有非晶体(29～
30 ppm①)和晶体态(32～33 ppm)的亚甲基碳。相对于其他的 SOM 组分,两个
NHC 组分在无定形碳位移处有更强的响应。因此,可以设想 NHC 组分可能具有
相对强的吸附能力。此外,去除 HA1 和 HA2 之后,HM1 和 HM2 含有相当数量
的碳水化合物碳。

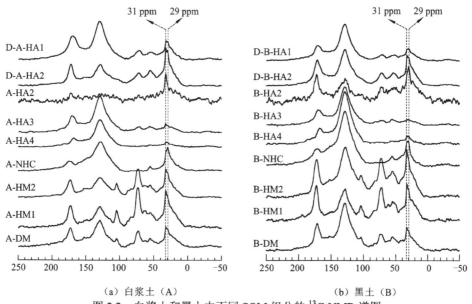

(a) 白浆土 (A)　　　　　　　　(b) 黑土 (B)

图 2.2　白浆土和黑土中不同 SOM 组分的 ¹³C-NMR 谱图

① 1 ppm=10⁻⁶

表2.2 白浆土（A）和黑土（B）SOM组分的 ^{13}C-NMR 谱图积分结果 （单位：%）

样品	烷基碳 0~45 ppm	甲氧基 45~63 ppm	碳水化合物 63~93 ppm	芳香碳 93~148 ppm	氧取代芳香碳 148~165 ppm	羧基碳 165~190 ppm	羰基碳 190~220 ppm	芳香度[a]/%	极性碳[b]
白浆土（A）有机质组分									
A-DM	19.7	4.3	5.9	42.3	6.3	18.9	2.6	61.9	38.0
A-HM1	28.7	10.3	22.1	24.9	2.6	11.2	0.3	31.1	46.4
A-HM2	24.6	9.1	19.5	31.5	4.7	10.3	0.2	40.5	43.8
A-NHC	22.3	4.0	0.2	50.0	10.0	9.8	3.6	69.3	27.7
A-HA3	7.4	3.6	3.0	61.5	8.6	15.0	0.8	83.3	31.1
A-HA4	6.5	1.0	0.9	71.4	9.0	11.2	0.1	90.6	22.2
D-A-HA1	14.3	4.1	3.1	48.9	7.6	20.2	1.7	72.3	36.8
D-A-HA2	33.2	11.6	8.3	28.6	5.0	13.3	0.0	38.7	38.2
黑土（B）有机质组分									
B-DM	14.6	6.7	8.3	49.7	7.3	12.4	0.9	65.8	35.7
B-HM1	32.5	12.0	13.0	22.7	0.3	19.5	0.0	28.6	44.8
B-HM2	18.4	9.6	13.8	37.3	4.6	15.6	0.7	50.1	44.3
B-NHC	13.0	2.9	0.3	62.5	10.9	10.4	0.1	82.0	24.5
B-HA3	4.4	3.4	2.5	65.2	9.8	13.5	1.2	87.9	30.3
B-HA4	5.7	1.0	0.0	72.2	9.7	11.4	0.1	92.5	22.1
D-B-HA1	12.5	3.2	1.7	58.1	8.4	15.0	1.1	79.2	29.5
B-HA2	44.6	12.5	0.0	20.1	3.1	17.9	1.8	28.9	35.3
D-B-HA2	24.5	7.4	5.6	39.2	6.9	16.4	0.0	55.1	36.3

注：a 为芳香度＝100×芳香碳（93~165 ppm）/[芳香碳（93~165 ppm）+脂肪碳（0~93 ppm）]；b 为极性碳＝（45~93 ppm）+（148~220 ppm）。

2.2.2　土壤有机质组分理化性质与菲吸附行为的关系

热重分析数据显示，A 土壤中 DM、HM1、HM2、NHC、HA3、HA4、HA1 和 D-HA1 起始分解温度分别为 249.4℃、265.7℃、239.8℃、275.3℃、201.7℃、209.4℃、147.7℃和 205.6℃，B 土壤中各组分的起始分解温度分别为 224.5℃、233.6℃、242.8℃、277.7℃、202.1℃、214.2℃、145.4℃和 202.8℃。其中，两种土壤的 HA1 起始分解温度分别为 147.7℃和 145.4℃。去矿之后，这两个值分别变为 205.6℃和 202.8℃（表 2.3）。因此，去矿处理明显提高了 HA 的热稳定性，这可能是因为去矿处理改变了有机质的组成和结构（Kučerík et al.，2007）。从 A 土壤和 B 土壤中分离出的 SOM 组分，其烷基碳相对比例与起始分解温度正相关 [图 2.3（a）]，这表明烷基碳可以增加 SOM 的热稳定性。在其他研究中也有发现 HA 组分的起始分解温度随着烷基碳相对比例的增加而增加（Wang et al.，2011）。此外，已有研究报道 SOM 的烷基碳有利于菲的吸附（Sun et al.，2008；Ran et al.，2007；Mao et al.，2002）。可见，SOM 组分的烷基碳对 SOM 组分的热稳定性和菲的吸附都有影响，这或许可以解释 SOM 组分的起始分解温度与菲的吸附分配系数（$\log K_{oc}$）之间的正相关关系 [图 2.3（b）]。因此，研究 SOM 组分的热稳定性有助于深入了解其化学结构及对 HOCs 的吸附。

表 2.3　白浆土和黑土中 SOM 组分热重分析参数

样品	起始分解温度/℃	剩余质量分数/%	最大分解速率/(%/℃)
A-DM	249.4	3.1	0.251
A-HM1	265.7	1.0	0.321
A-HM2	239.8	25.8	0.298
A-NHC	275.3	45.3	0.146
A-HA3	201.7	35.5	0.137
A-HA4	209.4	42.1	0.108
A-HA1	147.7	8.4	0.202
D-A-HA1	205.6	48.2	0.103
B-DM	224.5	36.8	0.153
B-HM1	233.6	18.1	0.470
B-HM2	242.8	35.8	0.242
B-NHC	277.7	45.6	0.129
B-HA3	202.1	46.4	0.132
B-HA4	214.2	47.3	0.106
B-HA1	145.4	18.0	0.207
D-B-HA1	202.8	47.7	0.108

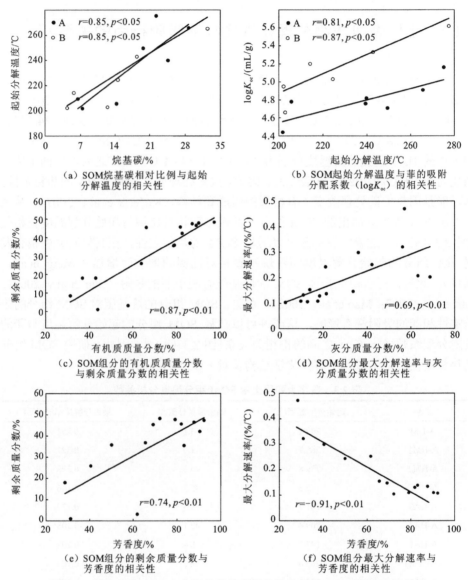

图 2.3　白浆土和黑土 SOM 组分的热分析参数与组成及菲吸附能力的关系

r 为 pearson 相关系数；p 为显著性水平

另外，SOM 组分的剩余质量分数随着有机质质量分数（f_{om}）的增加而升高
[图 2.3（c）]，分解速率随灰分质量分数的增加而增大[图 2.3（d）]，说明灰分
对有机质具有热脱稳作用。有机质主要分布在土壤和沉积物中的矿物表面
（Mikutta et al.，2009），矿物对 SOM 的分散作用可能会使 SOM 对热处理更为敏
感，因而比聚合态的 SOM 更易被热分解。

最后，根据 SOM 组分的 TG 图谱得到的剩余质量分数与芳香度呈正相关[图 2.3（e）]，而基于微商热重分析（derivative thermogravimetry，DTG）图谱得到的有机质的最大分解速率与芳香度呈负相关[图 2.3（f）]，这表明与脂肪碳组分相比，SOM 组分的芳香族部分耐热性更强（Kleber et al.，2011）。

2.2.3　不同有机质组分对菲的吸附

由于吸附等温线的非线性，计算三个溶质浓度（C_e，$C_e = 0.01S_w$、$0.1S_w$ 和 $1S_w$）下对应的 $\log K_{oc}$ 值。图 2.4 和表 2.4 的结果表明，除了 A-HA2 和 D-A-HA2 组分外，原始土壤及其 SOM 组分的吸附等温线均为非线性，并且可以用 Freundlich 方程进行很好的拟合。A 土壤及其各种 SOM 组分的非线性系数（n）的范围为 $0.72 \sim 1.01$，B 土壤及相应的 SOM 组分非线性要更强，其 n 值范围为 $0.50 \sim 0.86$。先前研究提出，随着越来越多的分子进入微孔，吸附等温线会变得更加非线性（Xing et al.，1997），高表面积的碳质吸附剂对有机物的吸附呈明显的非线性（Pignatello，1998）。有趣的是，从 B 土壤中分离出的 SOM 组分的 CO_2-SA 比 A 土壤的大（表 2.1）。而且，分析发现吸附剂的 CO_2-SA 与吸附非线性指数（n）呈负相关，与吸附能力（$\log K_{oc}$，$C_e = 0.01S_w$）呈正相关[图 2.5（a）和（b）]。因此，可能是 SOM 内部分布的微孔导致了菲吸附等温线的非线性。B 土壤及其 SOM 组分的吸附能力（$\log K_{oc}$：$4.66 \sim 5.62$）比 A 土壤及其 SOM 组分（$4.44 \sim 5.16$）更高，可能也是由于 B 土壤及其 SOM 组分含有更多的微孔造成的。然而，孔隙填充并不是 SOM 组分唯一的吸附机理，因为 NHC 组分对菲的吸附能力最高，但是它的 CO_2-SA 却并不是最高的（表 2.1 和表 2.4）。而对于 HA1 和 HA2 组分，CO_2-SA 与菲的吸附系数（n 和 $\log K_{oc}$）之间的显著关系（图 2.6）表明 HA1 和 HA2 样品内部的微孔对菲的吸附是非常重要的。根据它们的 ^{13}C-NMR 谱图（图 2.2），HA1-2（HA1 和 HA2）和 HA3-4（HA3 和 HA4）之间最明显的区别是，后者主要由芳香族组分构成，这有利于 π-π 相互作用。因此，孔隙填充是 HA1-2 的主要吸附机制，而对于 HA3-4、HM 和 NHC 组分，除了孔隙填充作用外，π-π 相互作用也是重要的吸附机制。最后，SOM 组分的吸附能力（$\log K_{oc}$）与非线性指数 n 值呈负相关[图 2.5（c）]，意味着非线性吸附决定着菲的吸附能力。除 NHC 组分外，原始土壤和它们的 SOM 组分对菲吸附的 $\log K_{oc}$ 值差异并不显著，并且它们的 $\log K_{oc}$ 值与文献报道的数量级相同（Ran et al.，2007）。NHC 组分对菲的吸附能力（$\log K_{oc}$ 值）最高（表 2.4）。HM 对菲的 $\log K_{oc}$ 值与 HA 组分相当，但是比 D-HA 要高。一些报道强调了脂肪碳在 SOM 对菲吸附中的重要性（Ran et al.，2007；Mao et al.，2002）。此外，与整体脂肪度相比，吸附能力与无定形脂肪碳相对比例之间具有更好的相关性（Lin et al.，2007；Salloum et al.，2002；Hu et al.，2000）。也有研究报道吸附剂的芳香碳和吸附能力之间的正相关关系（Chefetz et al.，2009）。而得到上述结论的实验中，吸附剂（即 SOM）主要是来自不同的土壤、泥炭或沉积物。在本小节研究中，各种 SOM 级分从同一土壤中分离出来，并被用于研究 SOM 脂肪性官能团和芳香性官能团在 HOCs 吸附中的作用。尽管这些吸附剂是从同一来源的材料中获得的，各种 SOM 组分的 $\log K_{oc}$ 值与其脂肪度和芳香度之间并没有明显的相关性。这表明其他因素如吸附剂的构造、位点的可及性也可能影响菲的吸附。需要注意的是，在所有的 SOM 组分中，HA3 和 HA4 组分芳香度最高（83.3%～92.5%），但它们对菲的 $\log K_{oc}$ 值却不是最高的（表 2.4），这表明同一土壤的 SOM 组分中，芳香性官能团并不是影响 HOCs 吸附的关键因素。此外，NHC 组分主要由烷基碳和芳香碳组成，HA4 主要由芳香碳组成；而且，NHC 和 HA4 中亲水基团（如碳水化合物和甲氧基）的相对比例都

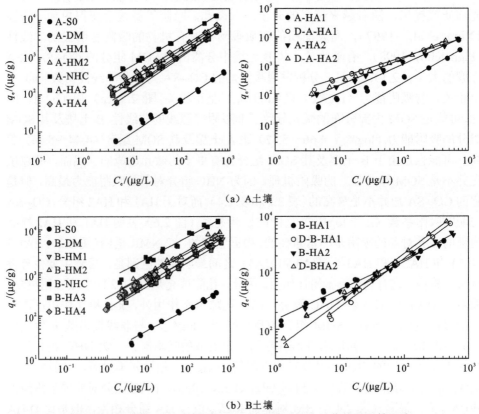

（a）A土壤

（b）B土壤

图2.4 白浆土（A）和黑土（B）中 SOM 组分对菲的吸附等温线

扫封底二维码可见彩图

可忽略不计。然而，这两个土壤的 NHC 组分对菲的 $\log K_{oc}$ 值都比 HA4 组分要高（表 2.4）。从 ^{13}C-NMR 图谱（图 2.2）可以发现，HA4 和 NHC 之间的显著区别是，除了芳香碳外，NHC 还含有大量的非晶烷基碳。因此，该结果进一步表明 A 土壤和 B 土壤的 NHC 中，非晶烷基碳可能控制着菲的吸附。上述结果强有力地证明了 SOM 的芳香性官能团对 HOCs 的吸附能力不一定高。

表 2.4　白浆土（A）和黑土（B）中 SOM 组分对菲的吸附等温线参数和分配系数

样品	K_F	n	N^a	R^2	$\log K_d$ ($C_e = 0.01 S_w$)	$\log K_{oc}^b$/(mL/g)		
						$C_e = 0.01 S_w$	$C_e = 0.1 S_w$	$C_e = 1 S_w$
A 土壤及其 SOM 组分								
A-S0	1.4	0.85	18	1.00	2.99	4.55	4.40	4.25
A-DM	22.3	0.85	18	1.00	4.19	4.71	4.56	4.41
A-HM1	22.2	0.88	18	1.00	4.22	4.91	4.80	4.68
A-HM2	34.8	0.83	18	1.00	4.36	4.82	4.65	4.48
A-NHC	107.3	0.76	18	1.00	4.78	5.16	4.92	4.68
A-HA3	16.0	0.90	18	0.99	4.10	4.44	4.34	4.25
A-HA4	49.9	0.79	18	1.00	4.48	4.76	4.55	4.34
A-HA1	16.5	0.73	18	0.98	3.93	4.87	4.60	4.33
D-A-HA1	73.2	0.72	18	0.99	4.57	4.79	4.50	4.22
A-HA2	10.5	1.01	18	0.99	4.03	4.59	4.61	4.62
D-A-HA2	23.7	0.94	18	1.00	4.31	4.56	4.50	4.43
B 土壤及其 SOM 组分								
B-S0	14.6	0.51	20	0.99	3.65	5.00	4.51	4.01
B-DM	144.6	0.60	20	0.99	4.74	5.03	4.63	4.23
B-HM1	159.9	0.57	18	0.98	4.75	5.46	5.03	4.59
B-HM2	279.2	0.54	18	0.97	4.97	5.33	4.88	4.42
B-NHC	701.2	0.50	18	0.98	5.32	5.62	5.12	4.62
B-HA3	136.9	0.56	18	0.99	4.67	4.95	4.51	4.07
B-HA4	268.2	0.52	18	0.98	4.93	5.20	4.72	4.24
B-HA1	148.8	0.53	20	1.00	4.68	5.55	5.08	4.61
D-B-HA1	34.0	0.86	16	1.00	4.38	4.66	4.52	4.38
B-HA2	83.4	0.64	18	1.00	4.54	5.10	4.74	4.38
D-B-HA2	43.6	0.85	20	1.00	4.48	4.71	4.57	4.42

注：a 为数据数量；b 为 K_{oc} 为有机碳质量分数归一化的吸附分配系数（K_d）。

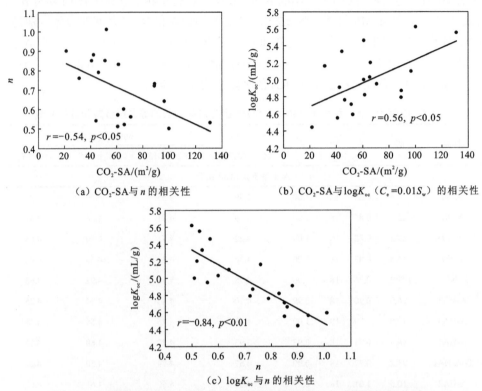

（a）CO_2-SA 与 n 的相关性　　　　　　　　（b）CO_2-SA 与 $\log K_{oc}$（$C_e = 0.01 S_w$）的相关性

（c）$\log K_{oc}$ 与 n 的相关性

图 2.5　土壤样品中 SOM 组分的比表面积（CO_2-SA）与吸附特征的关系，
以及吸附能力（$\log K_{oc}$）和非线性指数（n）的关系

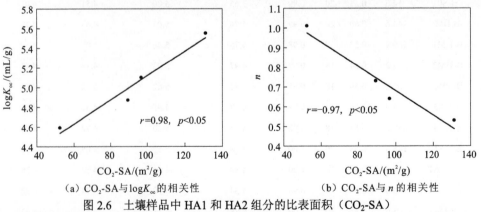

（a）CO_2-SA 与 $\log K_{oc}$ 的相关性　　　　　　　　（b）CO_2-SA 与 n 的相关性

图 2.6　土壤样品中 HA1 和 HA2 组分的比表面积（CO_2-SA）
与吸附参数的关系

2.2.4 有机物–矿物相互作用对菲吸附的影响

去矿之后，HA1 和 HA2 对菲的 $\log K_{oc}$ 值（$C_e = 0.01\ S_w$）略微降低（表 2.4）。但是对原始土壤进行去矿处理后，菲的 $\log K_{oc}$ 值有所增加（表 2.4）。去矿处理对 A 土壤中的 HA1 和 HA2 组分的吸附等温线的非线性影响不大，但是却大大削弱了 B 土壤中 HA1 和 HA2 组分的非线性，这可能是两种土壤中 HA 的来源不同造成的。此外，去矿使得 A 土壤 HA1 组分的整体 O 质量分数从 16.8% 增至 29.8%，使得 B 土壤 HA1 组分的整体 O 质量分数从 20.1% 增至 30.9%（表 2.1）。但 HA1 和 HA2 的表面 O 和 Si 质量分数在去矿处理后有所降低（表 2.1）。SOM 的含氧官能团可以作为配位体与矿物上的金属形成配合物（Wang et al.，2005）。经过去矿处理，这些表面的、与矿物结合的 O 原子随着表面 Si 质量分数的削减而减少（表 2.1）。此外，去矿后，HA1 和 HA2 的元素组成和极性（(O+N)/C，原子数比值）都发生了改变，表明去矿处理改变了它们的化学组成。去矿之后，HA1 和 HA2 的表面极性变低，这与以前的研究不一致（Yang et al.，2011）。此外，值得注意的是，所有的去矿 HA 组分，包括 D-HA1 和 D-HA2，它们的表面极性比总极性要低，而未去矿 HA 组分，它们的表面极性一般比各自的总极性要高（表 2.1），这意味着与去矿后的 HA 相比，未去矿的 HA 的极性官能团相对集中在表面上。一般认为极性较高的地质吸附剂对 HOCs 的吸附能力低，因为它们含有大量的亲水性基团，可以通过氢键作用为水分子提供位点，从而在表面形成水簇。水簇会降低吸附剂的表面疏水性，降低吸附位点对有机化合物分子的可及性，还可以与吸附质竞争吸附位，从而降低它们的吸附能力（Wang et al.，2011）。有趣的是，去矿之后，尽管 HA1 和 HA2 的整体极性和表面极性都降低了，但是它们的吸附能力也都降低了（表 2.1 和表 2.4）。以上的机制无法解释这个研究结果。此外所测试的 SOM 组分的整体极性和表面极性与菲的吸附能力之间均没有显著的相关性。因此，在本节研究中，HA 的整体极性和表面极性可能对菲的吸附没有明显的影响。这与 Yang 等（2011）的研究不一致，该研究从有机土中分离出 SOM 组分，这些 SOM 组分的表面极性对菲的吸附有着重要作用。表面极性在 SOM 组分吸附中作用的差异可能是由于所研究的土壤（有机与矿物土壤）之间存在差异。在以后的研究中，需要使用更多的土壤类型，研究 SOM 组分的表面极性对 HOCs 吸附的影响。

2.2.5 去矿顺序对菲吸附能力的影响

土壤的 HM1 和 HM2 组分都是通过从土壤中去除 HA 和矿物得到的，但去除顺序不同。HM2 是通过先去除矿物再去除 HA 后获得的，而 HM1 则是通过先去除 HA 再去除矿物后得到的。HM1 的 OC 质量分数比 HM2 低，其范围分别为 19.3%～20.5%和 35.3%～42.9%（表 2.1）。因此，在以后的研究中，为了得到 OC 含量丰富的 HM，可以选择先去矿再去除 HA 的顺序进行处理，以提取出特定的地质吸附剂。HM1 比相应的 HM2 的吸附分配系数（$\log K_{oc}$）要高（表 2.4）。根据它们的 ^{13}C-NMR 数据，与 HM1 相比，HM2 的芳香碳的相对比例更高，而烷基碳相对比例较低（图 2.2 和表 2.2），这表明先去除土壤矿物会增加 HM2 的芳香度，降低对菲的吸附。

参 考 文 献

Ahmad R, Kookana R S, Alston A M, et al., 2001. The nature of soil organic matter affects sorption of pesticides: 1. Relationships with carbon chemistry as determined by ^{13}C CPMAS NMR spectroscopy. Environmental Science & Technology, 35(5): 878-884.

Ahmed A A, Thiele-Bruhn S, Aziz S G, et al., 2015. Interaction of polar and nonpolar organic pollutants with soil organic matter: Sorption experiments and molecular dynamics simulation. Science of the Total Environment, 508: 276-287.

Brady N C, Weil R R, 2008. The nature and properties of soils. 14th edition. Upper Saddle River: Pearson Prentice Hall.

Chefetz B, Xing B, 2009. Relative role of aliphatic and aromatic moieties as sorption domains for organic compounds: A review. Environmental Science & Technology, 43(6): 1680-1688.

Chen B, Johnson E J, Chefetz B, et al., 2005. Sorption of polar and nonpolar aromatic organic contaminants by plant cuticular materials: Role of polarity and accessibility. Environmental Science & Technology, 39(16): 6138-6146.

Feng X, Simpson A J, Simpson M J, 2006. Investigating the role of mineral-bound humic acid in phenanthrene sorption. Environmental Science & Technology, 40(10): 3260-3266.

Gélinas Y, Prentice K M, Baldock J A, et al., 2001. An improved thermal oxidation method for the quantification of soot/graphitic black carbon in sediments and soils. Environmental Science & Technology, 35(17): 3519-3525.

Guo X, Wang X, Zhou X, et al., 2013. Impact of the simulated diagenesis on sorption of naphthalene and 1-naphthol by soil organic matter and its precursors. Environmental Science & Technology, 47(21): 12148-12155.

Hu W G, Mao J, Xing B, et al., 2000. Poly (methylene) crystallites in humic substances detected by nuclear magnetic resonance. Environmental Science & Technology, 34(3): 530-534.

Kang S. Xing B, 2005. Phenanthrene sorption to sequentially extracted soil humic acids and humins. Environmental Science & Technology, 39(1): 134-140.

Kim P G, Kwon J H, 2020. Resilience of the sorption capacity of soil organic matter during drying-wetting cycle. Chemosphere, 242:125238.

Kleber M, Johnson M G, 2010. Advances in understanding the molecular structure of soil organic matter: Implications for interactions in the environment. Advances in Agronomy, 106: 77-142.

Kleber M, Nico P S, Plante A, et al., 2011. Old and stable soil organic matter is not necessarily chemically recalcitrant: Implications for modeling concepts and temperature sensitivity. Global Change Biology, 17(2): 1097-1107.

Kramer M G, Sollins P, Sletten R S, et al., 2003. N isotope fractionation and measures of organic matter alteration during decomposition. Ecology, 84(8): 2021-2025.

Kučerík J, Šmejkalová D, Čechlovská H, et al., 2007. New insights into aggregation and conformational behaviour of humic substances: Application of high resolution ultrasonic spectroscopy. Organic Geochemistry, 38(12): 2098-2110.

Lehmann J, Solomon D, Kinyangi J, et al., 2008. Spatial complexity of soil organic matter forms at nanometre scales. Nature Geoscience, 1(4): 238-242.

Lin D, Pan B, Zhu L, et al., 2007. Characterization and phenanthrene sorption of tea leaf powders. Journal of Agricultural and Food Chemistry, 55(14): 5718-5724.

Mao J D, Hundal L, Thompson M, et al., 2002. Correlation of poly (methylene)-rich amorphous aliphatic domains in humic substances with sorption of a nonpolar organic contaminant, phenanthrene. Environmental Science & Technology, 36(5): 929-936.

Mikutta R, Schaumann G E, Gildemeister D, et al., 2009. Biogeochemistry of mineral-organic associations across a long-term mineralogical soil gradient (0.3-4100 kyr), Hawaiian Islands. Geochimica et Cosmochimica Acta, 73(7): 2034-2060.

Ouyang W, Shan Y, Hao F, et al., 2013. The effect on soil nutrients resulting from land use transformations in a freeze-thaw agricultural ecosystem. Soil and Tillage Research, 132: 30-38.

Perminova I V, Grechishcheva N Y, Petrosyan V S, 1999. Relationships between structure and binding affinity of humic substances for polycyclic aromatic hydrocarbons: Relevance of molecular descriptors. Environmental Science & Technology, 33(21): 3781-3787.

Pignatello J J, 1998. Soil organic matter as a nanoporous sorbent of organic pollutants. Advances in Colloid and Interface Science, 76: 445-467.

Plante A F, Fernández J M, Leifeld J, 2009. Application of thermal analysis techniques in soil science. Geoderma, 153(1): 1-10.

Ran Y, Sun K, Yang Y, et al., 2007. Strong sorption of phenanthrene by condensed organic matter in soils and sediments. Environmental Science & Technology, 41(11): 3952-3958.

Salloum M J, Chefetz B, Hatcher P G, 2002. Phenanthrene sorption by aliphatic-rich natural organic matter. Environmental Science & Technology, 36(9): 1953-1958.

Schwarzenbach R P, Westall J, 1981. Transport of nonpolar organic compounds from surface water to groundwater: Laboratory sorption studies. Environmental Science & Technology, 15(11): 1360-1367.

Sun K, Ran Y, Yang Y, et al., 2008. Sorption of phenanthrene by nonhydrolyzable organic matter from different size sediments. Environmental Science & Technology, 42(6): 1961-1966.

Wang K, Xing B, 2005. Structural and sorption characteristics of adsorbed humic acid on clay minerals. Journal of Environmental Quality, 34(1): 342-349.

Wang X, Guo X, Yang Y, et al., 2011. Sorption mechanisms of phenanthrene, lindane, and atrazine with various humic acid fractions from a single soil sample. Environmental Science & Technology, 45(6): 2124-2130.

Wen B, Zhang J J, Zhang S Z, et al., 2007. Phenanthrene sorption to soil humic acid and different humin fractions. Environmental Science & Technology, 41(9): 3165-3171.

Xing B, 2001. Sorption of naphthalene and phenanthrene by soil humic acids. Environmental Pollution, 111(2): 303-309.

Xing B, Pignatello J J, 1997. Dual-mode sorption of low-polarity compounds in glassy poly (vinyl chloride) and soil organic matter. Environmental Science & Technology, 31(3): 792-799.

Yang Y, Shu L, Wang X, et al., 2011. Impact of de-ashing humic acid and humin on organic matter structural properties and sorption mechanisms of phenanthrene. Environmental Science & Technology, 45(9): 3996-4002.

Zhang Z R, Liu S D, Wang X L, et al., 2023. Differences in structure and composition of soil humic substances and their binding for polycyclic aromatic hydrocarbons in different climatic zones. Environmental Pollution, 322: 121121.

第3章　老化过程对生物炭吸附菲的影响

生物炭为中性至碱性，具有多孔结构和丰富的官能团，对无机污染物和有机污染物具有强大的亲和力，因此具有很好的土壤改良潜力（Bian et al.，2014；Sun et al.，2012；Kookana et al.，2011；Cao et al.，2009）。生物炭对 HOCs 的吸附能力比土壤高 400～2 500 倍（Yang et al.，2003a），这种优异的吸附能力能否长期保持是决定生物炭在污染场地修复中是否成功应用的一个关键问题。

生物炭虽然具有良好的生化稳定性，但这不意味着生物炭的性质在施加到土壤后会保持不变。实际上，在施加到土壤后，生物炭表面容易发生氧化，形成大量的含氧官能团（Cheng et al.，2006）。生物炭的稳定性取决于不同组分（如水溶性有机物、高分子量的脂肪族部分、不溶性芳香族结构和矿物质营养物）的比例和芳香族碳的致密程度，二者主要受生物质原料和热解温度的影响（Kuzyakov et al.，2014；Singh et al.，2012）。例如，相较于用秸秆制备的生物炭（grass straw-derived biochars，GRABs），用动物粪便制备的生物炭（animal waste-derived biochars，ANIBs）的芳香族碳相对比例较低，芳香致密程度较低，矿化速度更快（Singh et al.，2012）。与 GRABs 相比，ANIBs 矿物质营养物含量较高（Singh et al.，2010），可能导致生物炭核心碳结构缺陷，从而降低生物炭结构的稳定性（Nguyen et al.，2009）。

生物炭在土壤中的氧化对 HOCs 的吸附有着重要影响。生物炭氧化后表面特性的改变，尤其是老化生物炭中氧元素的富集可能改变其对 HOCs 的吸附亲和力。然而，关于氧化作用对生物炭吸附 HOCs 的影响，目前的文献仍存在争议。一些研究表明，老化会降低生物炭吸附 HOCs 的能力（Cheng et al.，2014；Chen et al.，2011；Yang et al.，2003b）。然而，其他也有研究表明生物炭对 HOCs 的吸附能力很强，即使在比较剧烈的老化过程中仍保持不变（Hale et al.，2011；Jones et al.，2011）。此外，还有研究发现氧化生物炭对 HOCs（包括邻苯二甲酸酯和除草剂）的吸附作用明显增强（Ghaffar et al.，2015；Shi et al.，2015；Trigo et al.，2014）。生物炭老化对 HOCs 吸附容量影响不一致的原因可能有两个。①氧化方法影响氧化生物炭的吸附行为。短期内用土壤培养的生物炭对 HOCs 的吸附没有明显的改变（Shi et al.，2015），可能是因为生物炭在自然环境中的矿化过程非常缓慢（Keith et al.，2011）。此外，生物炭与土壤组分相互作用（Kasozi et al.，2010），可能会导致生物炭的组成成分被 NOM "污染"，而 NOM 对 HOCs 的吸附容量比生物炭低得多（Yang et al.，2003a）。由于很难将生物炭从土壤中的非生物炭源中分离出来，氧化生物炭表面上的 NOM 会干扰生物炭吸附能力的测定。这种问题可以通过在实验室内使用人工氧化方法来避免（Hiemstra et al.，2013；Singh et al.，2012）。短时间内用化学试剂对生物炭进行氧化是用来检测生物炭对 HOCs 长期吸附性能的一种有效方法，因为这种化学方法可以模拟自然环境中数百年至数千年的生物炭的老化过程（Hale et al.，2011）。②氧化生物炭上含氧官能团的形成可能在 HOCs 吸附中起多重作用，其净效应随着溶质和生物炭的分子结构而变化。除了前面提到的生物炭表面疏水性减弱之外，含氧基团与氧化 GRABs 的稠环芳香族结构的连接可能会增强生物炭表面芳香环的 π 极性，从而使 GRABs 和芳香族污染物之间形成较强的 π 电子供体-受体（electron donor-acceptor，EDA）作用（Wu et al.，2012）。然而，ANIBs 的芳香致密程度较低，降低了 ANIBs 接受或给予电子的能力，其与芳香污染物之间可能不存在 π-π EDA 相互作用（McBeath et al.，2014）。因此，含氧官能团可能不利于氧化 ANIBs 对 HOCs 的吸附。

综上所述，氧化过程中形成的含氧官能团可能在 GRABs 和 ANIBs 吸附 HOCs 中发挥不同作用，导致氧化后 GRABs 和 ANIBs 的吸附性能不同。与 GRABs 相比，ANIBs 在氧化过程中形成的含氧官能团对 HOCs 吸附的影响仍然知之甚少。因此，本章考察新鲜和化学氧化的 GRABs 和 ANIBs 对非极性芳香族化合物菲的吸附。

3.1　生物炭老化过程的模拟及分析方法

3.1.1　生物炭老化过程的模拟

采集植物（水稻、小麦和玉米）的秸秆及动物（鸡、猪和牛）的粪便废物两类生物质，用于生产 GRABs 和 ANIBs。首先用去离子水清洗秸秆，之后将研磨的原料置于马弗炉中，在 N_2 气氛下升温至 $450\,℃$，炭化 1 h。该炭化温度制备的生物炭可用于土壤改良（Jones et al.，2012；Chan et al.，2007）。用 0.1 mol/L HCl 处理生物炭以降低生物炭的 pH 并去除一些营养物质、碳酸盐和溶解性有机质（Sun et al.，2013b）。然后将生物炭用去离子水冲洗至 pH 为中性，冷冻干燥并过筛（<0.25 mm），作为原始生物炭存储备用。为了获得氧化的生物炭并研究它们对菲的吸附，所有的生物炭用 25%HNO$_3$（约 5.5 mol/L）以 1∶30 的固液比进行氧化。具体实验方法为：将含有混合溶液的烧瓶在约 90 ℃温度下加热回流 4 h（Hiemstra et al.，2013；Shindo et al.，1998），通过洗涤和离心去除过量的酸后，将氧化的生物炭冷冻干燥，研磨并储存备用。根据原材料[水稻秸秆（rice straw）、小麦秸秆（wheat straw）、玉米秸秆（maize straw）、猪粪（swine manure）、牛粪（cow manure）和鸡粪（chicken manure）]的英文首字母缩写，将制备的生物炭样品分别命名为 RS、WS、MS、SM、CM 和 CHM。[14]C 标记（纯度>98%）和未标记（纯度>98%）的菲购自美国的 Sigma-Aldrich 公司。其他化学品为分析纯级别，购自中国国药集团化学试剂有限公司。菲的水溶解度（S_w）为 1.12 mg/L。

3.1.2　老化后生物炭理化性质和吸附特性的分析方法

使用元素分析仪和 X 射线光电子能谱（XPS）分析仪分别测定新鲜和氧化生物炭的整体和表面元素组成。利用高斯-洛伦兹（Gaussian-Lorentzian）方程对 C1s 光谱进行解卷积分析，分峰如下：C—C（284.9 eV）、C—O（286.5 eV）、C═O（287.9 eV）和 COO（289.4 eV）。将 0.2 g 左右的干燥生物炭样品在 750 ℃下加热 4 h 以除去有机物，通过质量差异计算生物炭样品的灰分质量分数。采用 NMR 光谱仪以 75 MHz 频率测得样品的固态交叉极化魔角旋转 ^{13}C-NMR 光谱。NMR 谱图的化学位移分配参考 Han 等（2014）研究。由于先前的研究表明 77 K 下的 N$_2$ 吸附不能检测到生物炭微孔，而 273 K 下的 CO$_2$ 可进入微孔（0～1.4 nm），所以本实验在 273 K 下以 CO$_2$ 吸附测得微孔表面积（CO$_2$-SA）和微孔尺寸分布（Han et al.，2014；Sun et al.，2013b）。使用 Autosorb-iQ 气体分析仪在 105 ℃温度下脱气 8 h 后，在 1～760 Torr（1 Torr=1.333 22×10^2 Pa）的压力范围内进行 CO$_2$ 吸附。使用密度泛函理论（density functional theory，DFT）内置软件（Jagiello et al.，2004；El-Merraoui et al.，2000）计算原始生物炭和氧化生物炭的 CO$_2$-SA、微孔体积和微孔尺寸分布。

在 23 ℃±1 ℃条件下采用序批式方法进行菲的吸附平衡实验。吸附实验在 40 mL 的玻璃小瓶中进行，并用内衬为特氟龙垫的盖子螺旋密封。向背景溶液中加入 0.01 mol/L CaCl$_2$，以控制离子强度，同时加入 200 mg/L 的 NaN$_3$，以尽量减少生物降解。通过使用背景溶液稀释 [14]C 标记和未标记的菲储备溶液获得初始浓度为 2～1 100 μg/L 的菲溶液，将适量的生物炭（0.2～8 mg）加入 40 mL 菲溶液中。通过 0.1 mol/L HCl 或 0.1 mol/L NaOH 将溶液的 pH 调节至 6.5。随后，将所有小瓶在黑暗中振荡 10 天。预实验表明在反应 10 天后，溶液可以达到表观吸附平衡。离心后，取出 1.5 mL 上层液，加入 4 mL 的闪烁液中，通过液体闪烁计数仪测定上清液中菲的浓度。吸附平衡后，溶液的 pH 为 6.4～6.8。空白样品测试结果表明玻璃小瓶对菲的吸附可忽略不计。因此，可以通过质量平衡计算生物炭对菲的吸附量。

采用 Freundlich 模型拟合原始生物炭和氧化生物炭对菲的吸附数据，拟合方程见式（1.1）～式（1.3）。采用 SPSS 18.0 软件进行皮尔逊（Pearson）相关分析，研究生物炭性质与菲吸附系数之间的相关性。采用 t 检验分析原始生物炭和氧化生物炭性质与吸附能力之间的差异，当 $p<0.05$ 时，认为具有显著性差异。使用 Sigmaplot 10.0 软件进行数据拟合。

3.2　老化过程对生物炭理化性质的影响

3.2.1　新鲜生物炭的理化性质

表 3.1 和表 3.2 列出了原始和氧化 GRABs 和 ANIBs 的产率、整体和表面元素组成、比表面积和微孔体积。ANIBs 的组成与 GRABs 不同。与 GRABs 相比，ANIBs 含有相对较低的整体有机碳（organic carbon，OC）质量分数和表面 C 质量分数（图 3.1），可能是因为 ANIBs 的原料灰分质量分数（30.1%～76.9%）高于 GRABs 的原料（2.7%～9.6%）（Qiu et al.，2015）。然而，它们的表面氧质量分数呈现相反的趋势（图 3.1），这意味着 ANIBs 的大部分氧位于生物炭表面上。除了 CM，ANIBs 表现出比 GRABs 更高的整体表面极性（图 3.1）。^{13}C-NMR 谱图（图 3.2）显示 GRABs 和 ANIBs 均富含芳香族 C（93～165 ppm），而脂肪族 C（0～93 ppm）、羧基 C 和羰基 C（165～220 ppm）相对比例较低，表明它们的芳香性结构相对比例高（芳香基占优势），芳香度高于 66.0%（表 3.3）。另外，表 3.1 显示 GRABs（293.4～388.3 m²/g）的 CO₂-SA 显著大于 ANIBs（33.2～162.0 m²/g），这是因为它们的 OC 质量分数不同。以前的研究发现 OC 可能是地质吸附剂 CO₂-SA 的主要贡献者（Qian et al.，2014；Han et al.，2014）。本研究发现生物炭的 CO₂-SA 与其 OC 质量分数之间存在相关性（图 3.3）。OC 归一化后，GRABs 和 ANIBs 的 CO₂-SA/OC 值差异明显减小，分别为 498.1～521.9 m²/g 和 236.8～480.7 m²/g（表 3.1）。生物炭的纳米孔主要来自芳香族结构，而不是脂肪族结构（Han et al.，2014）。与 GRABs 相比，ANIBs 的脂肪族结构相对比例较高（表 3.3），这也可能导致 ANIBs 相对较低的 CO₂-SA 值。

表 3.1　原始生物炭和氧化生物炭的产率、整体元素组成、比表面积及微孔体积

| 样品 | 质量回收率a /% | 有机碳回收率b /% | 质量分数/% | | | | 原子个数比 | | | | 灰分/% | CO2-SAc /(m²/g) | CO2-SA/OC /(m²/g) | 微孔体积 /(cm³/g) |
			C	O	N	H	C/N	O/C	H/C	(O+N)/C				
RS	—	—	57.9 (0.07)d	11.8 (0.05)	0.8 (0.02)	3.3 (0.07)	81.4	0.15	0.69	0.16	26.2	293.4	506.7	0.085
WS	—	—	70.2 (0.09)	12.9 (0.05)	0.5 (0.00)	4.3 (0.13)	178.0	0.14	0.73	0.14	12.2	349.7	498.1	0.101
MS	—	—	74.4 (0.51)	11.8 (0.05)	1.0 (0.01)	3.8 (0.05)	85.9	0.12	0.61	0.13	9.1	388.3	521.9	0.111
SM	—	—	33.7 (0.32)	10.2 (0.05)	2.6 (0.03)	2.6 (0.03)	15.3	0.23	0.91	0.29	50.9	162.0	480.7	0.046
CM	—	—	29.5 (0.03)	4.1 (0.02)	1.4 (0.04)	1.0 (0.10)	24.8	0.10	0.39	0.15	68.1	69.9	236.8	0.019
CHM	—	—	9.8 (0.01)	3.6 (0.01)	0.5 (0.00)	0.9 (0.03)	21.6	0.28	1.12	0.33	85.2	33.2	338.3	0.010
RS-AO	49.3	28.8	33.8 (0.11)	13.1 (0.20)	2.1 (0.02)	2.1 (0.02)	18.5	0.29	0.74	0.35	48.9	236.4	700.4	0.067
WS-AO	65.6	48.2	51.6 (0.02)	17.8 (0.09)	2.8 (0.05)	2.7 (0.03)	21.3	0.26	0.63	0.31	25.0	290.1	562.1	0.078
MS-AO	95.2	69.9	54.6 (0.42)	18.3 (0.09)	3.4 (0.15)	2.9 (0.03)	18.5	0.25	0.64	0.31	20.8	311.1	569.8	0.083
SM-AO	60.1	86.9	48.7 (0.03)	16.3 (0.09)	6.3 (0.23)	2.8 (0.03)	9.0	0.25	0.68	0.36	25.9	188.7	387.3	0.061
CM-AO	83.9	73.1	25.7 (0.11)	14.7 (0.05)	2.4 (0.03)	1.5 (0.02)	12.4	0.43	0.70	0.51	55.7	101.5	395.2	0.033
CHM-AO	72.6	31.9	4.3 (0.00)	1.1 (0.00)	0.2 (0.01)	0.4 (0.03)	24.8	0.19	1.04	0.23	94.0	35.4	818.4	0.012

注：a 为质量回收率 $=M_{氧化生物炭}/M_{原始生物炭}\times100\%$；b 为有机碳回收率 $=OC_{氧化生物炭}\times M_{氧化生物炭}/[OC_{原始生物炭}\times M_{原始生物炭}]\times100\%$，其中 M 是生物炭样品的质量；c 为比表面积（CO2-SA）；d 括号内的值表示标准差（$N=2$）；AO（acid oxidation）表示生物炭的酸氧化作用；因修约加和不为100。

表 3.2 原始生物炭和氧化生物炭的表面元素和官能团组成

| 样品 | 质量分数/% | | | | (O+N)/C 原子个数比 | C 的 XPS 精细谱分峰结果/% | | | | | 表面极性 C[a]/% |
	C	O	N	Si		C—C	C—O	C=O	COO	
RS	63.4	21.5	3.1	12.0	0.30	87.3	3.4	5.9	3.4	12.7
WS	68.7	17.7	2.3	11.4	0.22	79.1	16.2	2.8	1.9	20.9
MS	73.7	16.0	2.1	8.3	0.19	71.7	14.7	12.6	1.0	28.3
SM	48.5	25.7	4.6	12.3	0.48	75.8	21.1	0.6	2.5	24.2
CM	49.0	24.6	6.6	14.1	0.49	93.5	1.1	5.5	0.0	6.6
CHM	40.2	36.0	3.5	20.3	0.74	91.4	8.6	0.0	0.0	8.6
RS-AO	16.0	68.6	0.0	13.3	3.22	63.9	24.9	0.0	11.2	36.1
WS-AO	37.6	54.2	4.2	4.0	1.18	79.1	6.8	7.1	7.0	20.9
MS-AO	41.3	51.9	4.6	2.2	1.04	73.8	5.5	12.5	8.2	26.2
SM-AO	42.8	51.1	0.0	2.0	0.89	73.5	5.9	14.8	5.8	26.5
CM-AO	22.3	63.5	0.0	9.4	2.13	70.8	8.5	18.1	2.6	29.2
CHM-AO	7.0	68.8	0.8	14.1	7.47	53.0	35.9	0.2	10.9	47.0

注：a 为表面极性 C=(C—O)+(C=O)+(COO)；含其他未列元素物质，加和不为 100。

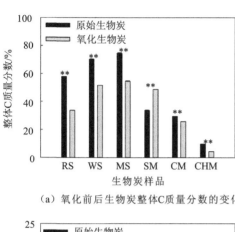

（a）氧化前后生物炭整体C质量分数的变化

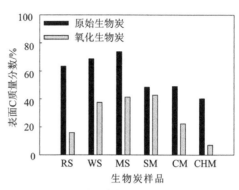

（b）氧化前后生物炭表面C质量分数的变化

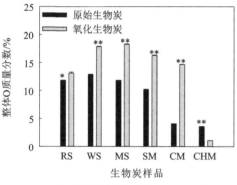

（c）氧化前后生物炭整体O质量分数的变化

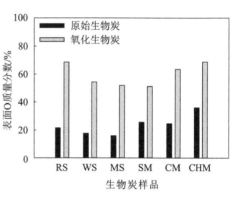

（d）氧化前后生物炭表面O质量分数的变化

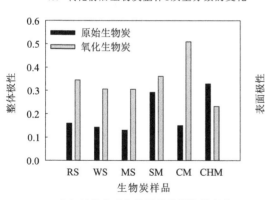

（e）氧化前后生物炭整体极性的变化

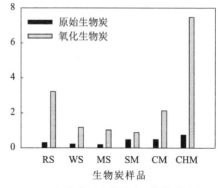

（f）氧化前后生物炭表面极性的变化

图 3.1　氧化前后生物炭整体和表面 C 质量分数、O 质量分数及极性的变化

*和**分别表示差异显著（$p < 0.05$）和极显著（$p < 0.01$）

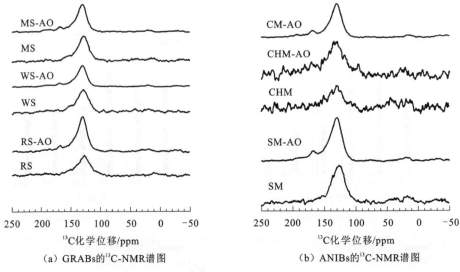

（a）GRABs的^{13}C-NMR谱图　　　　　　（b）ANIBs的^{13}C-NMR谱图

图 3.2　氧化前后生物炭的 ^{13}C-NMR 谱图

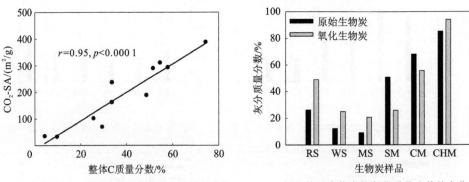

（a）生物炭的比表面积与整体C质量分数的相关性　　　（b）氧化前后生物炭的灰分质量分数的变化

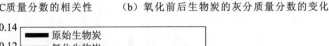
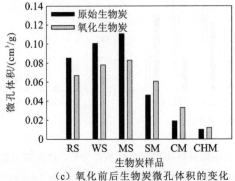

（c）氧化前后生物炭微孔体积的变化

图 3.3　生物炭的比表面积与整体 C 质量分数的相关性及氧化前后灰分和微孔体积变化

表 3.3　原始生物炭和氧化生物炭的 ^{13}C-NMR 谱图积分结果

样品	烷基/% 0~45 ppm	甲氧基/% 45~63 ppm	碳水化合物/% 63~93 ppm	芳香基/% 93~148 ppm	含氧芳香基/% 148~165 ppm	羧基/% 165~190 ppm	羰基/% 190~220 ppm	芳香度 a/%	极性碳 b 总量/%
RS	7.9	0.3	0.4	71.6	8.9	4.8	6.2	90.3	20.6
WS	9.4	2.3	0.2	72.0	9.6	4.3	2.3	87.3	18.7
MS	8.9	2.4	1.0	76.0	9.7	1.9	0.1	87.4	15.1
SM	10.9	1.0	0.8	75.2	7.6	2.6	2.0	86.7	14.0
CHM	26.2	5.5	0.8	55.2	7.9	2.9	1.6	66.0	18.7
RS-AO	5.2	0.2	1.6	73.2	9.8	7.1	2.9	92.2	21.6
WS-AO	1.5	1.8	1.9	78.5	9.3	6.7	0.3	94.4	20.0
MS-AO	2.3	2.0	2.2	76.7	9.5	6.6	0.7	93.0	21.0
SM-AO	4.4	0.1	0.7	71.1	11.4	9.0	3.3	94.1	24.5
CM-AO	3.2	0.3	0.5	73.4	9.5	8.7	4.4	95.4	23.4
CHM-AO	5.7	0.0	2.1	61.3	11.5	11.2	8.1	90.3	32.9

注：a 为芳香度=100×芳香族 C（93~165 ppm）/[芳香族 C（93~165 ppm）+脂肪 C（0~93 ppm）]；b 为极性碳区域（45~93 ppm 和 148~220 ppm）。

3.2.2　老化后生物炭理化性质的变化

HNO$_3$氧化很大程度地改变了生物炭的元素组成。除 CHM 以外，所有生物炭的化学老化都导致了其整体 O 和 N 元素含量的明显增加（表 3.1 和图 3.1）。氧化生物炭较高的 O 含量可能是因为含氧官能团的形成，如通过 HNO$_3$氧化引入的羧基、酚基和硝基官能团，而生物炭 N 含量的提高可能是因为 HNO$_3$氧化引入了NO$_2$ 或 NO$_3$ 官能团（Trompowsky et al.，2005）。相比之下，除 SM 以外，生物炭的整体 OC 含量在氧化后下降（图 3.1）。HNO$_3$处理后，所有生物炭的 OC 含量降低，OC 回收率在 28.8%～86.9%（表 3.1）。Singh 等（2012）研究表明，生物炭在土壤中氧化 5 年后，有机碳回收率在 91.1%～99.5%，高于本研究中的回收率。有机碳回收率差异可能是因为两个研究中使用的氧化方法不同。短期化学氧化法可以用来模拟自然环境中数百年甚至数千年的老化过程（Hale et al.，2011），导致有机碳矿化程度高于 5 年的土壤氧化。此外，酸处理导致生物炭极性［例如(O＋N)/C（原子个数比），图 3.1］普遍增加，表明氧化后生物炭的亲水性增强。

采用 XPS 对氧化前后生物炭的表面元素组成和官能团进行定量分析。与整体元素分析结果相比，表面元素组成的改变呈现出相似但更明显的趋势（表 3.1 和表 3.2）。例如，除 CHM 样品外，原始生物炭中的整体 O 质量分数为 4.1%～12.9%，氧化后上升到 13.1%～18.3%；而表面 O 质量分数从 16.0%～36.0%大幅升至 51.1%～68.8%（表 3.2）。高分辨率 XPS C1s 光谱的分峰结果进一步表明，氧化后生物炭上 O 元素的富集是由表面含氧官能团（主要是 COO 基团）的形成引起的（表 3.2）。与新鲜生物炭相比，氧化生物炭表面 COO 相对比例增加超过 2 倍（配对 t 检验 $p<0.01$；图 3.4）。这些含氧官能团可增加生物炭表面的亲水性，减少生物炭对 HOCs 的吸附。氧化过程中生物炭的整体 OC 质量分数略有下降，但表面 C 质量分数显著降低（配对 t 检验 $p<0.01$；图 3.1）。这些结果证实，生物炭颗粒表面的氧化程度高于颗粒内部。在生物炭的自然氧化过程中也发现了这个现象（Cheng et al.，2008）。

^{13}C-NMR 谱图清楚地表明，氧化作用引起了生物炭化学组成的改变，例如增加了极性基团，形成了羧基（图 3.2 和图 3.4），这与元素分析和 XPS 结果相一致。ANIBs 极性基团丰度的变化比 GRABs 更大（表 3.3），这可能是 ANIBs 的稳定性相对较低造成的。ANIBs 的非芳香族 C 相对比例较高，芳香族致密程度较低，使其比 GRABs 更容易被氧化（Cross et al.，2013）。此外，ANIBs 中较高的矿物质质量分数（表 3.1）可能会导致生物炭的 C 结构缺陷，降低石墨层之间的交联，从而降低生物炭的稳定性（Singh et al.，2012）。如 ^{13}C-NMR 结果所示，氧化生物炭的总体羧酸 C 相对比例从 1.9%～4.8%升至 6.6%～11.2%（配对 t 检验 $p=0.01$；表 3.3 和图 3.4）。相反，生物炭的烷基 C 相对比例随着氧化而显著降低（配对

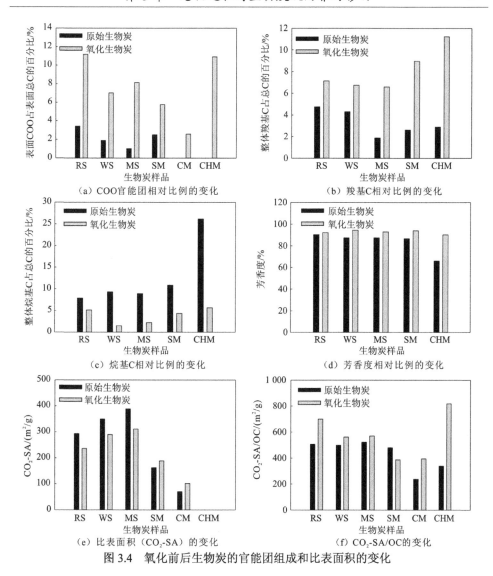

图 3.4 氧化前后生物炭的官能团组成和比表面积的变化

t 检验 $p<0.05$；图 3.4），这可能是由于氧化过程中，脂肪族官能团优先被氧化（Cody et al.，2005）。生物炭的脂肪 C 相对比例降低，羧基 C 相对比例增加，表明存在一些 C—C 键的氧化裂解和新的 C—O 键的形成。由于烷基 C 相对比例降低，氧化生物炭的芳香性高于其对应的原始生物炭样品（图 3.4）。

与新鲜生物炭相比，氧化 GRABs 的 CO_2-SA 和微孔体积较小（CO_2-SA 的配对 t 检验 $p<0.01$，微孔体积 $p=0.01$），这可能是由氧化后 OC 的损失导致的（表 3.1）。相反，尽管 ANIBs 氧化之后 OC 质量分数也降低，除 CHM 外，ANIBs 的 CO_2-SA 和微孔体积在氧化后增加（CO_2-SA 配对 t 检验 $p=0.05$，微孔体积配对 t 检验 $p<$

0.05）（表 3.1）。有研究发现，花生壳（Ghaffar et al.，2015）和玉米秸秆（Hale et al.，2011）生物炭氧化后，其 SA 值也会有所下降。氧化后 ANIBs 的 CO_2-SA 和微孔体积的增加可能是由于 HNO_3 氧化从 ANIBs 孔隙中去除了一些矿物质营养元素（可溶性盐、含钾化合物等）和脂肪族有机物质（表 3.1 和表 3.3），这些物质可能会阻塞生物炭内的孔隙。动物粪便来源的生物炭中含有丰富的 Ca、K、Mg 和 Na 元素（Enders et al.，2012），而矿物质营养物质的释放是生物炭地球化学风化过程中的典型过程（Qian et al.，2014）。如图 3.5 所示，孔径在 0.4~0.8 nm 的 GRABs

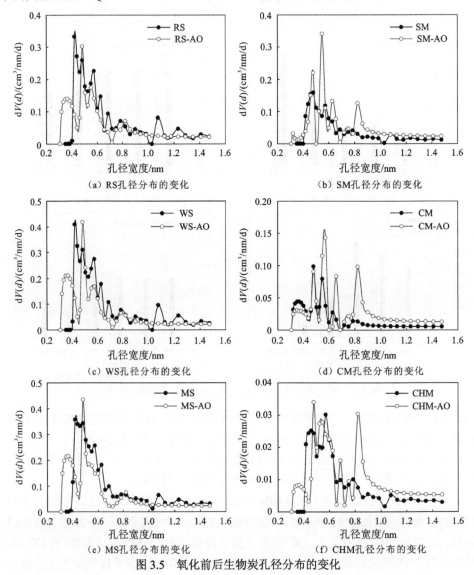

图 3.5　氧化前后生物炭孔径分布的变化

的微孔体积在氧化之后有所降低。氧化后 ANIBs 中孔径>0.8 nm 的微孔比例增加。在 OC 归一化之后，GRABs 和 ANIBs 的 CO_2-SA/OC 增加（图 3.4）。

3.3 老化过程对生物炭吸附菲的影响

3.3.1 老化后生物炭对菲的吸附行为

图 3.6 展示了 HNO_3 氧化前后生物炭的吸附等温线。表 3.4 中列出了 Freundlich 系数（K_F 和 n）和计算得到的分配系数（$\log K_d$ 和 $\log K_{oc}$）。由表 3.4 可知，新鲜生物炭对菲的吸附等温线呈高度非线性，n 值范围为 $0.43\pm0.015\sim0.53\pm0.017$；氧化生物炭比新鲜氧化生物炭的 n 值更高（$0.51\pm0.016\sim0.61\pm0.014$）（表 3.4），这意味着 HNO_3 氧化后生物炭表面吸附位点更加均匀（Han et al.，2014）。这与以前的研究结果一致（Cheng et al.，2014；Han et al.，2014）。

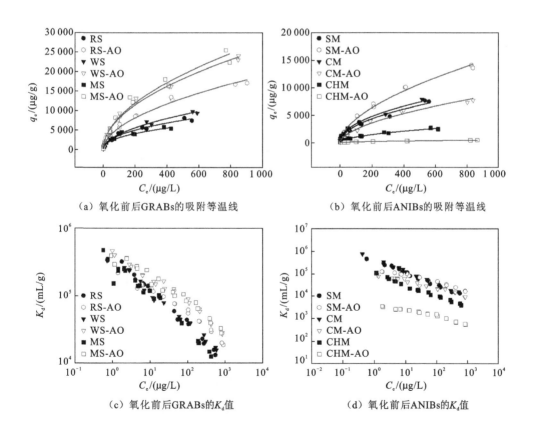

（a）氧化前后 GRABs 的吸附等温线 （b）氧化前后 ANIBs 的吸附等温线

（c）氧化前后 GRABs 的 K_d 值 （d）氧化前后 ANIBs 的 K_d 值

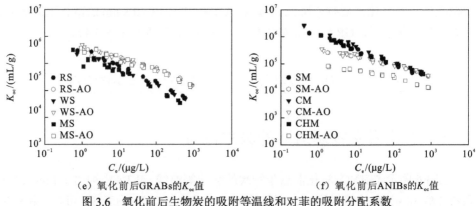

（e）氧化前后GRABs的K_{oc}值　　　　　　（f）氧化前后ANIBs的K_{oc}值

图 3.6　氧化前后生物炭的吸附等温线和对菲的吸附分配系数

由表 3.1 可知，与 ANIBs 相比，GRABs 的 OC 质量分数更高（GRABs 的 OC 质量分数为 57.9%～74.4%，ANIBs 为 9.8%～33.7%），可以为 GRABs 提供更多的菲吸附位点。不同生物炭在酸氧化后对菲吸附能力（$\log K_{d}$ 和 $\log K_{oc}$）的改变存在差异（图 3.6）。为了对氧化前后生物炭的吸附能力进行对比，将在 $C_{e}=0.01S_{w}$、$0.1S_{w}$ 和 $1S_{w}$ 处计算的 $\log K_{d}$ 和 $\log K_{oc}$ 值（表 3.4）假定为单独测量，由此得到三个值用于统计比较。统计分析显示 HNO_3 氧化对 SM 和 CM 吸附菲的能力没有显著影响，但显著减弱了 CHM 对菲的吸附（表 3.4）。相比之下，氧化后 GRABs 对菲的吸附出乎意料地呈现一致升高的趋势（表 3.4）。通过分析 XPS 和 ^{13}C-NMR 结果（表 3.2 和表 3.3）可知，氧化生物炭上的表面含氧官能团可以通过氢键作用将水分子吸引到其表面。这些水簇会阻碍 HOCs 分子进入生物炭表面上的吸附区域，并与菲竞争吸附位点，导致较低的吸附容量。显然，除 CH 以外，HNO_3 处理产生的化学氧化程度不足以减弱菲与氧化生物炭之间的相互作用。也有研究显示，人工氧化生物炭对 HOCs（包括多环芳烃、农药和邻苯二甲酸酯）的吸附未受影响或使吸附增加（Hale et al., 2011；Jones et al., 2011）。例如，使用 HNO_3/H_2SO_4 氧化生物炭后，300 ℃和 700 ℃制备的花生壳生物炭对邻苯二甲酸酯的 $\log K_{d}$ 值增加（Ghaffar et al., 2015）。在-70 ℃～20 ℃的 42 次冻融循环之后，生物炭对芘的吸附保持不变（Hale et al., 2011）。这些研究表明，生物炭对 HOCs 的高吸附能力可以长久保存。

3.3.2　不同来源生物炭对菲的吸附行为对比

如图 3.7 和图 3.8 所示，GRABs 的 $\log K_{oc}$ 值与表面极性、表面羧基 C 相对比例和碳水化合物 C 相对比例呈正相关关系。但是，ANIBs 的 $\log K_{oc}$ 值与这些性质

表 3.4　原始生物炭和氧化生物炭对菲的 Freundlich 吸附等温线参数及吸附分配系数

样品	K_F	n	N^a	R^2	$\log K_d$/(mL/g)			$\log K_{oc}^b$/(mL/g)			吸附能力差异分析[c]	
					$C_e=0.01S_w$	$C_e=0.1S_w$	$C_e=1S_w$	$C_e=0.01S_w$	$C_e=0.1S_w$	$C_e=1S_w$	$\log K_d$	$\log K_{oc}$
RS	469.13±42.36[d]	0.45±0.016	20	0.99	5.09	4.54	3.98	5.33	4.77	4.22	0.054	0.012*
WS	370.47±32.99	0.51±0.015	20	0.99	5.06	4.57	4.08	5.21	4.72	4.23	0.016*	0.000**
MS	424.07±34.66	0.43±0.015	20	0.99	5.03	4.46	3.89	5.16	4.59	4.02	0.000**	0.009**
SM	314.39±42.68	0.49±0.024	20	0.98	4.97	4.46	3.96	5.44	4.93	4.43	0.077	0.787
CM	380.02±38.94	0.48±0.018	20	0.99	5.03	4.51	3.99	5.56	5.04	4.52	0.096	0.220
CHM	89.31±9.07	0.53±0.017	20	0.99	4.45	3.98	3.51	5.47	4.99	4.52	0.003**	0.008**
RS-AO	498.31±55.62	0.53±0.018	20	0.99	5.20	4.73	4.25	5.67	5.20	4.72	—	—
WS-AO	766.11±74.27	0.51±0.016	20	0.99	5.37	4.88	4.39	5.66	5.17	4.67	—	—
MS-AO	735.59±111.36	0.53±0.025	20	0.98	5.37	4.89	4.42	5.63	5.16	4.68	—	—
SM-AO	313.28±31.01	0.57±0.016	20	0.99	5.04	4.61	4.18	5.35	4.92	4.49	—	—
CM-AO	178.15±29.24	0.57±0.027	20	0.98	4.80	4.36	3.93	5.39	4.95	4.52	—	—
CHM-AO	7.77±0.69	0.61±0.014	20	1.00	3.48	3.09	2.70	4.84	4.45	4.06	—	—

注: a 为数据数量; b 为 K_{oc}, 表示有机碳（OC）归一化的吸附分配系数（K_d); c 为氧化前后生物炭吸附菲的 $\log K_d$ 和 $\log K_{oc}$ 配对 t 检验结果, 统计分析是通过选择 $C_e=0.01S_w$、$0.1S_w$ 和 $1S_w$ 三个浓度点的结果进行的; d 为标准偏差。

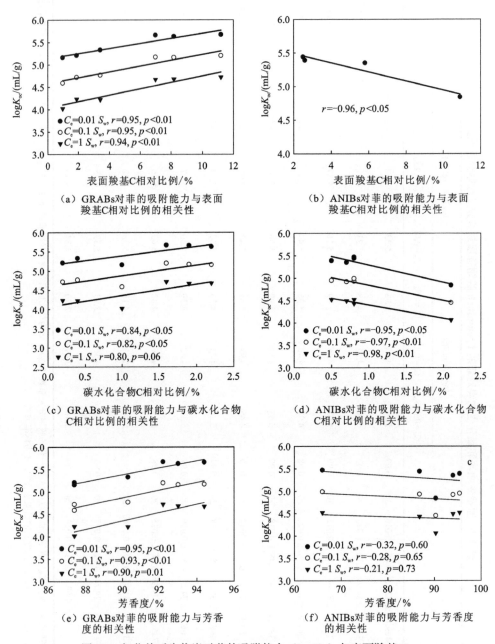

图 3.7　氧化前后生物炭对菲的吸附能力（$\log K_{oc}$）与表面羧基 C、
碳水化合物 C 和芳香度的相关性

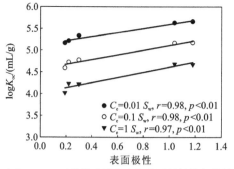

（a）GRABs对菲的吸附能力与表面极性的相关性

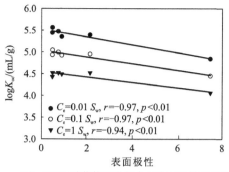

（b）ANIBs对菲的吸附能力与表面极性的相关性

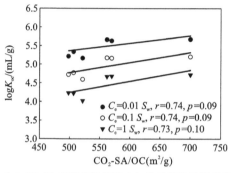

（c）GRABs对菲的吸附能力与比表面积的相关性

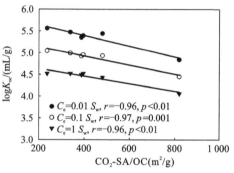

（d）ANIBs对菲的吸附能力与比表面积的相关性

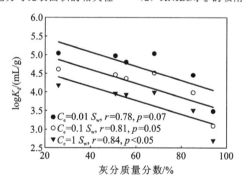

（e）ANIBs对菲的吸附能力与灰分质量分数的相关性

图 3.8　氧化前后生物炭对菲的吸附能力（$\log K_{oc}$ 或 $\log K_d$）与表面极性、比表面积和灰分质量分数的相关性

参数呈负相关关系。氧化后，生物炭表面含氧官能团的增加一方面会减弱菲和生物炭之间的疏水作用，另一方面还可以增强或抑制菲和生物炭之间的 π-π EDA 相互作用（Jin et al., 2014），净效应取决于生物炭的芳香致密程度。如果含氧官能团连接在 GRABs 的稠环芳香族结构上，这些可接受电子的官能团可以增强

GRABs 上芳香结构的 π-极性，促进生物炭作为 π-受体与菲（电子供体）结合。氧化作用使生物炭的芳香度增加（图 3.4），增强了菲和氧化的 GRABs 之间的 π-π EDA 相互作用。化学氧化作用促进了 GRABs 对菲的吸附能力，表明 π-π EDA 相互作用的促进作用可能大于水簇的抑制作用。而且，数据显示 GRABs 对菲的 $\log K_{oc}$ 值与它们的芳香性正相关（图 3.7）。与 GRABs 相比，ANIBs 含有更丰富的矿物质营养元素（Singh et al.，2010），这可能导致其碳结构缺陷，降低芳香致密程度（McBeath et al.，2014），并减弱 ANIBs 接受或提供电子的能力。菲和 ANIBs 之间的 π-π EDA 相互作用弱于菲和 GRABs 之间的 π-π EDA 相互作用。正如所料，ANIBs 的芳香度和 $\log K_{oc}$ 之间没有明显的趋势（图 3.7）。总体而言，ANIBs 表面上的含氧官能团会抑制生物炭对菲的吸附。

此外，GRABs 吸附菲的 $\log K_{oc}$ 值与它们的 CO_2-SA/OC 值之间呈正相关（图 3.8），这意味着孔隙填充机制可能在菲和 GRABs 的相互作用中起重要作用。氧化后的 GRABs 比相应的新鲜生物炭具有更高的 CO_2-SA/OC 值（图 3.4），提高了氧化 GRABs 对菲的吸附能力。然而，对于 ANIBs，菲的 $\log K_{oc}$ 值与 CO_2-SA/OC 呈负相关（图 3.8），因此活性吸附位点不可能位于 ANIBs 的微孔表面。此外，ANIBs 吸附菲的 $\log K_d$ 值随着灰分质量分数的增加而下降（图 3.8），这可能是由于矿物质的去除增加了疏水性吸附位点（Sun et al.，2013b）。因此，HNO_3 酸洗除灰[图 3.3（b）]释放了 SM 和 CM 中的活性吸附位点，促进了它们对菲的吸附，这可能与含氧官能团对吸附产生的抑制作用相抵消（表 3.2 和表 3.3），使得 HNO_3 氧化对 SM 和 CM 吸附菲的能力没有显著影响。

参 考 文 献

Bian R, Joseph S, Cui L, et al., 2014. A three-year experiment confirms continuous immobilization of cadmium and lead in contaminated paddy field with biochar amendment. Journal of Hazardous Materials, 272: 121-128.

Cao X, Ma L, Gao B, et al., 2009. Dairy-manure derived biochar effectively sorbs lead and atrazine. Environmental Science & Technology, 43(9): 3285-3291.

Chan K Y, Van Zwieten L, Meszaros I, et al., 2007. Agronomic values of greenwaste biochar as a soil amendment. Soil Research, 45(8): 629-634.

Chen B, Yuan M, 2011. Enhanced sorption of polycyclic aromatic hydrocarbons by soil amended with biochar. Journal of Soils and Sediments, 11(1): 62-71.

Cheng C H, Lehmann J, Engelhard M H, 2008. Natural oxidation of black carbon in soils: Changes in molecular form and surface charge along a climosequence. Geochimica et Cosmochimica Acta, 72(6): 1598-1610.

Cheng C H, Lehmann J, Thies J E, et al., 2006. Oxidation of black carbon by biotic and abiotic processes. Organic Geochemistry, 37(11): 1477-1488.

Cheng C H, Lin T P, Lehmann J, et al., 2014. Sorption properties for black carbon (wood char) after long term exposure in soils. Organic Geochemistry, 70: 53-61.

Cody G D, Alexander C M O D, 2005. NMR studies of chemical structural variation of insoluble organic matter from different carbonaceous chondrite groups. Geochimica et Cosmochimica Acta, 69(4): 1085-1097.

Cross A, Sohi S P, 2013. A method for screening the relative long-term stability of biochar. GCB Bioenergy, 5(2): 215-220.

El-Merraoui M, Aoshima M, Kaneko K, 2000. Micropore size distribution of activated carbon fiber using the density functional theory and other methods. Langmuir, 16(9): 4300-4304.

Enders A, Hanley K, Whitman T, et al., 2012. Characterization of biochars to evaluate recalcitrance and agronomic performance. Bioresource Technology, 114: 644-653.

Ghaffar A, Ghosh S, Li F, et al., 2015. Effect of biochar aging on surface characteristics and adsorption behavior of dialkyl phthalates. Environmental Pollution, 206: 502-509.

Hale S E, Hanley K, Lehmann J, et al., 2011. Effects of chemical, biological, and physical aging as well as soil addition on the sorption of pyrene to activated carbon and biochar. Environmental Science & Technology, 45(24): 10445-10453.

Han L, Sun K, Jin J, et al., 2014. Role of structure and microporosity in phenanthrene sorption by natural and engineered organic matter. Environmental Science & Technology, 48(19): 11227-11234.

Hiemstra T, Mia S, Duhaut P B, et al., 2013. Natural and pyrogenic humic acids at goethite and natural oxide surfaces interacting with phosphate. Environmental Science & Technology, 47(16): 9182-9189.

Jagiello J, Thommes M, 2004. Comparison of DFT characterization methods based on N_2, Ar, CO_2, and H_2 adsorption applied to carbons with various pore size distributions. Carbon, 42(7): 1227-1232.

Jin J, Sun K, Wu F, et al., 2014. Single-solute and bi-solute sorption of phenanthrene and dibutyl phthalate by plant-and manure-derived biochars. Science of the Total Environment, 473: 308-316.

Jones D L, Edwards-Jones G E, Murphy D V, 2011. Biochar mediated alterations in herbicide breakdown and leaching in soil. Soil Biology and Biochemistry, 43(4): 804-813.

Jones D L, Rousk J, Edwards-Jones G E, et al., 2012. Biochar-mediated changes in soil quality and plant growth in a three year field trial. Soil Biology and Biochemistry, 45: 113-124.

Kasozi G N, Zimmerman A R, Nkedi-Kizza P, et al., 2010. Catechol and humic acid sorption onto a range of laboratory-produced black carbons (biochars). Environmental Science & Technology, 44(16): 6189-6195.

Keith A, Singh B, Singh B P, 2011. Interactive priming of biochar and labile organic matter mineralization in a smectite-rich soil. Environmental Science & Technology, 45(22): 9611-9618.

Kookana R S, Sarmah A K, Van Zwieten L, et al., 2011. Biochar application to soil: Agronomic and environmental benefits and unintended consequences. Advances in Agronomy, 112(112): 103-143.

Kuzyakov Y, Bogomolova I, Glaser B, 2014. Biochar stability in soil: Decomposition during eight years and transformation as assessed by compound-specific ^{14}C analysis. Soil Biology and Biochemistry, 70: 229-236.

McBeath A V, Smernik R J, Krull E S, et al., 2014. The influence of feedstock and production temperature on biochar carbon chemistry: A solid-state ^{13}C NMR study. Biomass and Bioenergy, 60: 121-129.

Nguyen B T, Lehmann J, 2009. Black carbon decomposition under varying water regimes. Organic Geochemistry, 40(8): 846-853.

Qian L, Chen B, 2014. Interactions of aluminum with biochars and oxidized biochars: Implications for the biochar aging process. Journal of Agricultural and Food Chemistry, 62(2): 373-380.

Qiu M, Sun K, Jin J, et al., 2015. Metal/metalloid elements and polycyclic aromatic hydrocarbon in various biochars: The effect of feedstock, temperature, minerals, and properties. Environmental Pollution, 206: 298-305.

Shi K, Xie Y, Qiu Y, 2015. Natural oxidation of a temperature series of biochars: Opposite effect on the sorption of aromatic cationic herbicides. Ecotoxicology and Environmental Safety, 114: 102-108.

Shindo H, Honma H, 1998. Comparison of humus composition of charred Susuki (Eulalia, *Miscanthus sinensis*) plants before and after HNO₃ treatment. Soil Science and Plant Nutrition, 44(4): 675-678.

Singh B, Singh B P, Cowie A L, 2010. Characterisation and evaluation of biochars for their application as a soil amendment. Soil Research, 48(7): 516-525.

Singh B P, Cowie A L, Smernik R J, 2012. Biochar carbon stability in a clayey soil as a function of feedstock and pyrolysis temperature. Environmental Science & Technology, 46(21): 11770-11778.

Sun K, Jin J, Keiluweit M, et al., 2012. Polar and aliphatic domains regulate sorption of phthalic acid esters(PAEs) to biochars. Bioresource Technology, 118: 120-127.

Sun K, Jin J, Kang M, et al., 2013a. Isolation and characterization of different organic matter fractions from a same soil source and their phenanthrene sorption. Environmental Science & Technology, 47(10): 5138-5145.

Sun K, Kang M, Zhang Z, et al., 2013b. Impact of deashing treatment on biochar structural properties and potential sorption mechanisms of phenanthrene. Environmental Science & Technology, 47(20): 11473-11481.

Trigo C, Spokas K A, Cox L, et al., 2014. Influence of soil biochar aging on sorption of the herbicides MCPA, nicosulfuron, terbuthylazine, indaziflam, and fluoroethyldiaminotriazine. Journal of Agricultural and Food Chemistry, 62(45): 10855-10860.

Trompowsky P M, de Melo Benites V, Madari B E, et al., 2005. Characterization of humic like substances obtained by chemical oxidation of eucalyptus charcoal. Organic Geochemistry, 36(11): 1480-1489.

Wu W, Chen W, Lin D, et al., 2012. Influence of surface oxidation of multiwalled carbon nanotubes on the adsorption affinity and capacity of polar and nonpolar organic compounds in aqueous phase. Environmental Science & Technology, 46(10): 5446-5454.

Yang Y, Sheng G, 2003a. Enhanced pesticide sorption by soils containing particulate matter from crop residue burns. Environmental Science & Technology, 37(16): 3635-3639.

Yang Y, Sheng G, 2003b. Pesticide adsorptivity of aged particulate matter arising from crop residue burns. Journal of Agricultural and Food Chemistry, 51(17): 5047-5051.

第4章 生物炭对土壤吸附农药的影响

生物炭作为土壤改良剂吸引了越来越多的关注，其施加到土壤中的比例高达 5%～10%（约 100 t/hm²），可以提高土壤肥力和植物生产力，并实现碳封存（Woolf et al.，2010；Lehmann et al.，2009；Lehmann，2007）。研究者还发现生物炭可作为 HOCs 的有效吸附剂（Teixidó et al.，2013；Jones et al.，2011；Yang et al.，2003a）。生物炭是一种火成有机质，与自然环境中广泛存在的 BC 类似，是一种生物质生成的 BC。在受火灾影响的土壤中 BC 占 TOC 的 30%～45%（Cornelissen et al.，2005b）。BC 与 HOCs 的亲和力比 NOM 强 10～1 000 倍（Cornelissen et al.，2005a，2005b；Yang et al.，2003a），因此，通过自然过程或人为过程向土壤和沉积物中输入的 BC 也会对 HOCs 的吸附行为产生较大的影响。例如，在添加比例为 0.1% 时，由松针在 400 ℃ 下制备的生物炭主导了土壤中萘的整体吸附（Chen et al.，2011）。此外，与单独的土壤相比，生物炭-土壤混合物的吸附能力通常随着生物炭剂量的增加而增强（Teixidó et al.，2013；Chen et al.，2011）。据报道，生物炭对 HOCs 的吸附能力受到许多因素的影响，如热处理温度（heat treatment temperature，HTT）、原料来源等（Sun et al.，2013a；Sun et al.，2012；Chen et al.，2008）。然而，以前关于生物炭的研究主要集中在由植物废弃物制备的生物炭上（Teixidó et al.，2013；Chen et al.，2011）。由动物废弃物制备的生物炭对土壤吸附的增强作用需要进一步研究。

此外，已知生物炭的吸附能力在很大程度上取决于其理化性质，如比表面积（SA）、孔体积、表面极性和矿物质量分数（Sun et al.，2013a；Sun et al.，2012；Chen et al.，2008）。随着生物炭添加到土壤中，由于生物炭可能与土壤成分[如矿物或溶解有机碳（dissolved organic carbon，DOC）]相互作用，生物炭的物理化学特性可能会发生变化。土壤成分可能会阻塞生物炭孔隙或竞争生物炭的结合位点，使生物炭对 HOCs 的吸附能力降低（Chen et al.，2011；Cornelissen et al.，2005a）。此外，生物炭的 SA 会随着土壤 DOC 含量的增加而减少（Garcia-Jaramillo et al.，2015）。因此，大多数研究观察到与土壤共存的生物炭与原始生物炭相比发生了吸附衰减（Teixidó et al.，2013；Chen et al.，2011）。然而，Li 等（2015）研究发现，氧化铝和蒙脱石在生物炭上表现出孔隙扩张效应，这导致除草剂在经过矿物处理的生物炭上的吸附量高于未经处理的生物炭。这些研究得到的结果不一致可能是由混合物中矿物的质量分数不同造成的。可见，土壤成分（如矿物质和 OC）对生物炭的特性和吸附能力的影响仍然需要进一步研究。

因此，本章考察含有不同比例和不同种类生物炭的土壤的物理化学特性（如碳含量、表面或整体极性、SA），评估这些生物炭对农药（吡虫啉、异丙隆和阿特拉津）在土壤中的吸附行为的影响。吡虫啉是一种用于控制吸虫和土壤昆虫（包括植物跳虫、蚜虫、白蚁和其他害虫物种）的杀虫剂；异丙隆和阿特拉津是除草剂，在世界各地被广泛用于控制农业中的一年生草和阔叶杂草。由于容易浸出，这些化合物和它们的代谢产物经常在地表水和地下水中被检测到，它们还具有环境持久性，因而会对生态环境产生长期潜在的威胁（Garrido-Herrera et al.，2006；Barbash et al.，2001）。

4.1 生物炭对土壤吸附农药影响的模拟实验及分析方法

4.1.1 向土壤中添加生物炭的模拟实验

研究中使用的土壤采集自北京通州区一块农田的 0～20 cm 表层土，pH 为 8.6，属于粉砂土壤，含有 8.7% 的砂粒、76.1% 的粉粒和 15.2% 的黏粒。土壤矿物主要由伊利石和蒙脱石组成。此外，该地区广泛使用各种除草剂和杀虫剂（Sun et al.，2013c）。因此，研究生物炭的添加对土壤吸附农药的影响具有一定的实际意义。采集的土壤样品在室温下风干，使用前去除植物残留物。

纯生物炭是由水稻秸秆、小麦秸秆和猪粪生物质制备的。将风干的生物质原料研磨后过 1.5 mm 的筛，然后放入封闭的坩埚中，在马弗炉的限氧条件下炭化 1 h。热处理的目标温度分别设为 300℃、450℃ 和 600℃，升温速率为 10℃/min。得到的生物炭用 0.1 mol/L 盐酸清洗，然后用去离子水冲洗，直到清洗后溶液的 pH 为中性（Azargohar et al.，2006），再在 105℃ 下烘干。根据生物质来源[水稻秸秆（rice straw，R）、小麦秸秆（wheat straw，W）、猪粪（swine manure，S）]和 HTT，将制备的纯生物炭命名为 R300、R450、R600，W300、W450、W600 和 S300、S450、S600。生物炭-土壤混合物是由土壤和纯生物炭按不同比例混合制备的，每种生物炭材料在土壤中的比例分别为 1%、5%、10% 和 20%（以质量分数计）。为了保证均匀性，在使用前，土壤和生物炭样品过 0.25 mm 筛。土壤和生物炭首先用手混合；然后，将它们在旋转振动器上充分混合 7 天。生物炭-土壤混合物根据所用生物炭及其添加比例被命名为 1%R300、5%R300、10%R300、20%SR300，1%SR450、5%SR450、10%SR450、20%SR450，1%SR600、5%SR600、10%SR600、20%SR600、1%SW300、5%SW300、10%SW300、20%SW300，1%SW450、5%SW450、10%SW450、20%SW450，1%SW600、5%SW600、10%SW600、20%SW600，1%SS300、5%SS300、10%SS300、20%SS300，1%SS450、5%SS450、10%SS450、20%SS450，1%SS600、5%SS600、10%SS600、20%SS600。第一个大写字母"S"代表土壤，第二个大写字母代表纯生物炭（即 R 水稻秸秆、W 小麦秸秆和 S 猪粪）。

4.1.2 生物炭-土壤混合物理化性质和吸附特性的分析方法

通过完全燃烧，用元素分析仪测量纯生物炭、土壤和生物炭-土壤混合物的 C、H、O 和 N 质量分数。纯生物炭的 ^{13}C-NMR 光谱数据在 NMR 光谱仪上测得。详细的核磁共振运行参数和化学位移分配参考 Sun 等（2013a）。纯生物炭的 ^{13}C-NMR 结果见表 4.1。所选样品的表面结构和形态特征通过扫描电子显微镜（scanning electron microscope，SEM）成像分析进行测试，加速能量为 10 kV；相同表面位置的表面化学特征用 X 射线能谱仪（energy dispersive X-ray spectroscopy，EDS，EMAX250，配备 X-max^N 硅漂移 X 射线检测器）进行记录，它提供半定量的元素分布和组成分析，采样深度为 1~2 μm。为了进行 SEM/EDS 分析，将样品粘在铜带上，涂上 8~10 nm 的铂金层，以避免 SEM 观察时出现有机结构充放电的现象。选择 10 kV 的加速能量来获得 SEM 图像。用 X 射线光电子能谱仪进行 XPS 分析，使用单色 Al Kα 源在 225 W 下操作，以探测样品表面层（3~5 nm）的特定元素组成。所有样品的 SA 和微孔率是通过在 105℃下脱气 8 h 后在 Autosorb-1 气体分析仪上吸附 N$_2$（77 K，N$_2$-SA）和 CO$_2$（273 K，CO$_2$-SA）来确定的。

用于吸附实验的吡虫啉（1-[(6-氯-3-吡啶基)甲基]-N-硝基-2-咪唑烷亚胺，纯度>98%）和异丙隆（3-(4-异丙基苯基)-1, 1-二甲基脲，纯度>99%）购自 Dr. Ehrenstorfer 公司（德国），阿特拉津（2-氯-4-乙氨基-6-异丙氨基-1, 3, 5-三嗪）购自东京化学工业有限公司（日本），纯度>97%。表 4.2 列出了这些农药的基本理化性质。本节考察所有的生物炭-土壤混合物对吡虫啉的吸附实验，然后选定一些生物炭-土壤混合物，研究它们对阿特拉津和异丙隆的吸附。用甲醇配置农药吸附质储备液，用含有 0.01 mol/L CaCl$_2$ 和 200 mg/L NaN$_3$ 的背景溶液进行稀释，以模

表 4.1　生物炭样品的固态 ^{13}C 核磁共振光谱官能团组成结果分析

样品	烷基/% 0~45 ppm	甲氧基/% 45~63 ppm	碳水化合物/% 63~93 ppm	芳香基/% 93~148 ppm	含氧芳基/% 148~165 ppm	羧基/% 165~187 ppm	羰基/% 187~220 ppm	芳香度 [a] /%	极性碳 [b] /%
R300	22.40	7.80	10.70	43.80	8.10	3.80	3.40	55.93	33.80
R450	7.91	0.32	0.40	71.60	8.86	4.75	6.17	90.31	20.50
R600	1.45	0.84	1.13	87.32	5.25	2.48	1.52	96.44	11.22
W300	18.05	8.30	12.09	47.11	7.58	4.33	2.53	58.72	34.84
W450	9.35	2.25	0.19	72.03	9.64	4.30	2.25	87.39	18.63
W600	4.99	1.80	3.59	79.95	3.34	0.65	5.69	88.92	15.07
S300	14.27	9.27	11.41	51.36	7.85	2.85	3.00	62.88	34.38
S450	10.88	0.98	0.76	75.19	7.62	2.61	1.96	86.78	13.93
S600	0.42	0.10	0.13	90.17	6.41	1.08	1.69	99.33	9.41

注：a 为芳香度 = 100×芳香 C（93~165 ppm）/[芳香 C（93~165 ppm）+脂肪族 C（0~93 ppm）]；b 为极性碳区域（45~93 ppm 和 148~220 ppm）。

表 4.2 测试的农药的特性和化学结构

化学产品	化学式	M^a /(g/mol)	S_w^b /(mg/L)	$\lg K_{ow}^c$	氢键受体参数	氢键供体参数	化学结构	LOD /(mg/L)	LOQ /(mg/L)
吡虫啉	$C_9H_{10}ClN_5O_2$	256	610	0.57	6	1		0.08	150
异丙隆	$C_{12}H_{18}N_2O$	206	70.2	2.50	1	1		0.15	65
阿特拉津	$C_8H_{14}ClN_5$	216	35	2.70	5	2		0.06	30

注: a 为分子量; b 为水中溶解度; c 为辛醇/水分配系数; LOD: limit of detection, 检出限; LOQ: limit of quantitation, 定量限。

拟环境水中的恒定离子强度，并抑制微生物的活性。甲醇浓度（甲醇/水，V/V）需要控制在 0.1%以下，以避免共溶剂效应。吸附质的初始浓度（吡虫啉 0.2～100 mg/L，异丙隆 0.2～60 mg/L，阿特拉津 0.075～25 mg/L）是根据仪器检出限和水溶解度设定的。在 23 ℃±1 ℃的条件下，采用批量平衡技术，在 8 mL 的玻璃瓶中获得吸附剂的吸附等温线。为了使平衡时农药的吸附率在 20%～80%，在小瓶中加入适量的吸附剂（土壤为 3 000 mg，原始生物炭为 4～35 mg，混合物为 20～1 000 mg）。在所有的样品中，每个浓度点都一式两份。同时，进行空白对照（即没有吸附剂）以调查玻璃器皿壁的吸附情况。所有的小瓶都放在一个盒子里，以防光解。根据预实验结果，在室温下将小瓶放置在旋转摇床上振荡 2 天，以达到表观吸附平衡。平衡后，将所有的小瓶直立放置 24 h，使溶液与固体分离。然后取出约 2 mL 上清液，用高效液相色谱法（high performance liquid chromatography，HPLC）进行分析，色谱柱为反相 C18 柱（250 mm×4.6 mm×5 μm），紫外检测器的波长为：吡虫啉 269 nm，异丙隆 240 nm，阿特拉津 222 nm。吡虫啉的流动相为乙腈/水（65/35，体积比），异丙隆的流动相为乙腈/水（75/25，体积比），阿特拉津的流动相为甲醇/水（70/30，体积比）。三种吸附剂的流速均为 1 mL/min，柱温设定为 40 ℃。所有样品及空白样品均为一式两份。由于空白实验的结果显示小瓶对农药的吸附量不大，所以假设没有其他损失，通过质量平衡计算吸附剂的吸附量。此外，在吸附实验前后检测溶液的 pH，其范围为 6.3～7.2。

　　吸附数据采用 Freundlich 模型的对数形式进行拟合，拟合方程见式（1.1）～式（1.3），根据模型方程计算纯生物炭、土壤和生物炭-土壤混合物的 K_d 和 $\log K_{oc}$ 值（$C_e=0.01S_w$、$0.1S_w$ 和 $1S_w$，S_w 为溶质的水溶解度）。用 Sigmaplot 10.0 软件对吸附等温数据进行拟合。通过 SPSS 18.0 软件分析吸附剂性质和吸附参数之间的相关性。

4.2　生物炭添加对土壤理化性质的影响

4.2.1　生物炭-土壤混合物的理化性质

　　土壤、纯生物炭和生物炭-土壤混合物的元素组成、SA 和孔隙特征见表 4.3。所用土壤主要由灰分组成，只含有 0.3%的 OC，而且 SOM 的 O 质量分数低于检测限。土壤的 CO_2-SA 为 10.85 m^2/g，而 N_2-SA 为 6.468 m^2/g。

　　生物炭-土壤混合物的 C 和 N 质量分数与生物炭剂量呈正相关（图 4.1），表明生物炭和土壤混合良好且均质。通过添加生物炭提高土壤 OC 和 N 含量可以改善土壤营养水平和提升土壤质量（Marris，2006）。另外，通过 XPS 测定的表面 C

表 4.3　样品灰分质量分数与元素组成以及比表面积、孔隙体积和孔径分析

| 样品 | 灰分 | 质量分数 1/% | | | | | 表面 | N₂-SA | CO₂-SA | SA_{int}^{a} | $CO_2\text{-}SA$ | 孔隙体积 | 孔径 | 质量分数 2/% | | | | 整体 |
		C	H	O	N	H/C	(O+N)/C	/(m²/g)	/(m²/g)		$/SA_{int}^{b}$	/(cm³/g)	/nm	C	O	N	Si	(O+N)/C
土壤	97.7	0.3	0.28	0.00	0.01	11.24	0.02	6.468	10.85	—	—	0.003	0.785	9.7	40.8	0.18	26.36	3.16
R300	20.6	55.3	3.74	19.49	0.82	0.81	0.28	4.821	188.50	—	—	0.060	0.418	67.2	22.3	2.24	5.76	0.28
R450	26.2	57.9	3.31	11.75	0.83	0.69	0.16	6.417	293.40	—	—	0.085	0.418	63.4	21.5	3.14	11.96	0.30
R600	32.0	59.3	2.34	5.52	0.83	0.47	0.08	128.972	390.60	—	—	0.110	0.418	66.1	21.1	1.17	11.63	0.25
W300	7.8	63.3	4.40	24.01	0.52	0.84	0.29	2.590	162.30	—	—	0.052	0.418	68.4	20.7	1.06	2.13	0.24
W450	12.2	70.2	4.28	12.85	0.46	0.73	0.14	3.012	349.70	—	—	0.101	0.418	68.7	17.7	2.27	11.35	0.22
W600	13.4	77.8	3.08	5.31	0.42	0.48	0.06	190.649	499.20	—	—	0.139	0.418	77.3	16.7	1.13	4.88	0.17
S300	41.8	36.5	3.59	14.90	3.20	1.18	0.38	3.076	89.60	—	—	0.030	0.548	61.4	19.6	2.9	1.74	0.28
S450	50.9	33.7	2.55	10.23	2.57	0.91	0.29	6.754	162.00	—	—	0.046	0.479	48.5	25.7	4.55	12.32	0.48
S600	52.3	35.6	1.79	7.92	2.46	0.60	0.23	34.793	206.10	—	—	0.057	0.458	48.8	26.1	3.11	4.20	0.46
1%SR300	96.7	0.9	0.32	0.77	0.02	4.17	0.64	7.388	13.55	280.85	0.67	0.005	0.600	10.0	42.9	0.00	28.51	3.22
5%SR300	93.4	3.0	0.48	0.87	0.04	1.90	0.23	7.353	20.52	204.25	0.92	0.007	0.479	24.3	35.4	1.22	20.38	1.14
10%SR300	90.3	5.2	0.67	2.35	0.06	1.55	0.35	6.488	24.75	149.85	1.26	0.007	0.822	29.1	35.4	1.33	19.30	0.95
20%SR300	84.1	9.9	0.99	3.85	0.14	1.20	0.30	5.873	39.05	151.85	1.24	0.012	0.479	60.6	21.4	1.46	9.94	0.29
1%SR450	96.8	0.9	0.29	0.62	0.01	3.78	0.52	7.716	13.99	324.85	0.90	0.005	0.479	19.6	36.3	0.65	23.55	1.41
5%SR450	93.8	2.9	0.40	0.73	0.04	1.63	0.07	7.515	24.95	292.85	1.00	0.008	0.479	32.6	33.4	1.19	19.00	0.80
10%SR450	90.3	5.4	0.53	1.23	0.08	1.17	0.18	7.795	34.31	245.45	1.20	0.010	0.479	27.3	35.6	1.01	21.44	1.01
20%SR450	84.8	9.8	0.78	2.20	0.15	0.96	0.18	7.619	54.31	228.15	1.29	0.015	0.479	52.8	26.5	1.30	13.57	0.40
1%SR600	96.5	1.0	0.31	0.49	0.02	3.84	0.39	8.344	15.60	485.85	0.80	0.005	0.548	12.9	40.4	0.00	26.27	2.35
5%SR600	93.9	3.1	0.36	0.13	0.05	1.40	0.04	14.546	27.20	337.85	1.16	0.008	0.479	45.4	28.6	0.00	16.19	0.47
10%SR600	90.8	5.6	0.41	0.98	0.07	0.87	0.14	19.620	42.51	327.45	1.19	0.012	0.479	22.0	36.9	0.95	24.03	1.30
20%SR600	85.5	10.0	0.56	1.00	0.12	0.67	0.08	30.814	73.18	322.50	1.21	0.020	0.479	31.7	34.6	1.68	17.28	0.86
1%SW300	96.9	1.0	0.35	1.12	0.02	4.29	0.87	7.792	14.31	356.85	0.45	0.005	0.479	9.1	41.3	0.00	28.04	3.39
5%SW300	93.0	3.4	0.55	1.94	0.03	1.93	0.44	8.441	19.90	191.85	0.85	0.006	0.573	20.7	37.7	0.91	21.40	1.41

续表

样品	质量分数 1/%					H/C	表面 (O+N)/C	N_2-SA /(m²/g)	CO_2-SA /(m²/g)	SA_{int}[a]	CO_2-SA /SA_{int}[b]	孔隙体积 /(cm³/g)	孔径 /nm	质量分数 2/%				整体 (O+N)/C
	灰分	C	H	O	N									C	O	N	Si	
10%SW300	89.0	5.7	0.81	3.28	0.06	1.70	0.44	7.049	23.84	140.75	1.15	0.008	0.479	21.3	37.4	0.90	22.19	1.35
20%SW300	81.6	10.2	1.10	3.83	0.08	1.29	0.29	6.450	38.58	149.50	1.09	0.013	0.418	39.6	32.1	1.69	13.08	0.64
1%SW450	97.0	1.0	0.3	0.73	0.02	3.64	0.57	6.173	14.79	404.85	0.86	0.005	0.479	10.6	40.7	0.00	26.41	2.88
5%SW450	93.0	3.6	0.49	1.25	0.04	1.61	0.27	4.454	34.37	481.25	0.73	0.010	0.458	18.9	38.1	0.19	24.04	1.52
10%SW450	89.9	6.5	0.57	1.74	0.05	1.06	0.21	4.404	39.13	293.65	1.19	0.011	0.479	24.6	35.8	0.99	21.08	1.13
20%SW450	83.2	12.1	0.84	1.58	0.09	0.83	0.10	4.707	65.34	283.30	1.23	0.019	0.418	40.3	30.3	1.88	16.44	0.61
1%SW600	95.8	1.0	0.31	0.44	0.02	3.72	0.34	5.165	15.03	428.85	1.16	0.005	0.479	9.9	40.9	0.00	27.29	3.09
5%SW600	93.7	3.8	0.38	0.52	0.03	1.20	0.11	12.597	30.21	398.05	1.25	0.009	0.418	30.7	32.0	0.22	18.68	0.79
10%SW600	89.9	7.0	0.51	0.80	0.05	0.87	0.09	18.56	47.06	372.95	1.34	0.013	0.479	27.7	34.6	0.68	21.79	0.96
20%SW600	83.7	13.2	0.72	0.44	0.08	0.66	0.03	31.016	125.90	586.10	0.85	0.035	0.479	38.8	29.6	1.08	15.51	0.60
1%SS300	97.1	0.7	0.30	0.54	0.04	4.86	0.59	7.962	12.99	224.85	0.40	0.004	0.479	9.2	41.2	0.50	28.04	3.40
5%SS300	95.1	2.0	0.41	0.62	0.13	2.49	0.29	7.611	11.69	27.65	3.24	0.004	0.573	16.1	37.6	1.14	23.58	1.81
10%SS300	92.2	3.5	0.55	2.51	0.24	1.91	0.60	6.873	17.60	78.35	1.14	0.006	0.573	10.6	41.5	0.55	26.38	2.98
20%SS300	88.6	5.8	0.78	3.18	0.41	1.60	0.47	5.971	24.71	80.15	1.12	0.008	0.573	26.2	34.2	1.69	15.60	1.03
1%SS450	97.3	0.7	0.31	0.53	0.03	5.24	0.60	8.752	13.05	230.85	0.70	0.004	0.573	8.7	41.7	0.00	29.19	3.59
5%SS450	95.6	2.0	0.37	0.35	0.11	2.25	0.18	7.117	16.31	120.05	1.35	0.005	0.573	13.8	39.2	1.14	24.23	2.20
10%SS450	93.3	3.3	0.41	1.42	0.20	1.49	0.38	6.748	22.96	131.95	1.23	0.007	0.479	14.8	40.5	0.91	26.04	2.11
20%SS450	90.1	5.9	0.60	1.57	0.39	1.24	0.26	8.633	33.06	121.90	1.33	0.010	0.573	21.2	34.4	1.93	18.53	1.30
1%SS600	96.2	0.7	0.31	0.46	0.03	5.03	0.50	6.135	13.44	269.85	0.76	0.005	0.479	7.9	42.1	0.50	27.54	4.03
5%SS600	95.4	2.2	0.34	0.25	0.11	1.91	0.13	8.531	20.67	207.25	0.99	0.007	0.573	15.0	39.3	0.40	24.24	1.99
10%SS600	93.3	3.6	0.36	1.10	0.19	1.21	0.28	9.531	28.51	187.45	1.10	0.008	0.479	15.8	38.4	1.46	23.39	1.90
20%SS600	90.2	6.3	0.50	1.49	0.34	0.94	0.22	12.895	43.01	171.65	1.20	0.012	0.458	25.3	32.2	1.72	15.70	1.01

注：1 为整体元素组成分析；2 为 XPS 检测所得的表面元素组成分析；a 为减去土壤的贡献后，生物炭—土壤混合物中生物炭的固有表面积（CO_2-SA）；b 为纯生物炭的 CO_2-SA 与混合物中生物炭的内在 CO_2-SA 的比值。

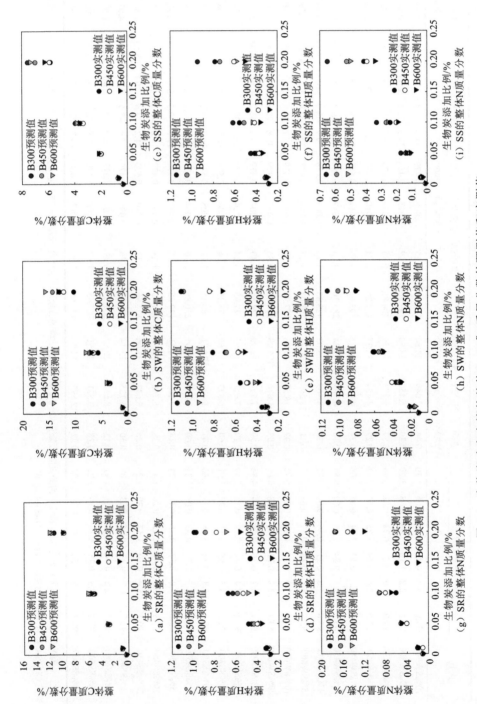

图 4.1　生物炭改良土壌的整体C、H或N质量分数的预测值和实测值
B300、B450和B600分别是在300 ℃、450 ℃和600 ℃下制备的生物炭

质量分数基本随着生物炭添加量的增加而增加（表 4.3）。混合样品的表面 C 质量分数明显高于相应的整体 C 质量分数（图 4.2），表明生物炭-土壤混合物的有机质可能覆盖在矿物表面。表 4.3 中还列出了样品的整体(O+N)/C 和表面(O+N)/C 的原子个数比[后同，简写为(O+N)/C]。需要注意的是，样品的整体元素质量分数是用元素分析仪测量的，只包含那些可以通过热处理分解的元素，主要来自有机部分。而用 XPS 测量的表面元素包含那些来自有机质和无机矿物的元素。由图 4.3（b）和（c）可知，生物炭-土壤混合物的整体(O+N)/C、表面 O 质量分数和表面(O+N)/C 随着生物炭的添加而呈大致下降趋势（5%水平除外），这可能是因为与土壤相比，生物炭的极性相对较低。疏水性的增加可能有利于 HOCs 的吸收（Chefetz et al.，2009）。此外，值得注意的是，在某些添加比例下，表面(O+N)/C 和表面 O 质量分数甚至超过了土壤和相应的纯生物炭，例如 1% SR300、1% SW300 和 1% SS300（图 4.3）。少数土壤/生物炭样品较高的表面(O+N)/C 和表面

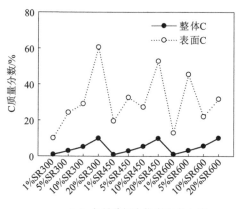

（a）水稻秸秆生物炭改良土壤

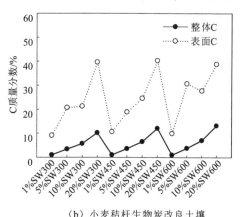

（b）小麦秸秆生物炭改良土壤

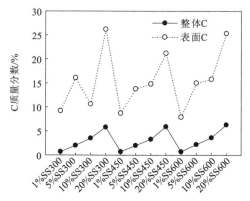

（c）猪粪生物炭改良土壤

图 4.2　生物炭改良土壤的整体和表面 C 质量分数的比较

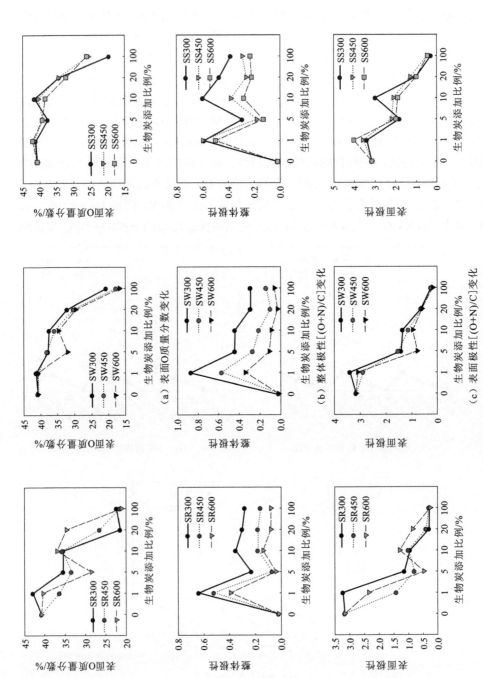

图 4.3　不同生物炭添加比例的生物炭-土壤混合物的整体和表面元素组成的变化趋势

O 质量分数可能是因为发生了轻微氧化和/或极性基团的进一步表面暴露。后者可能是由生物炭-土壤混合物中的矿物质引起的,表面极性与灰分质量分数($r=0.75$,$p<0.01$)及表面 Si 质量分数（$r=0.89$,$p<0.01$）之间显著的正相关关系也证实了这一点[图 4.4（a）和（b）]。由此可以推断,本研究中使用的生物炭中的矿物质,如伊利石和蒙脱石,可能会影响混合物的空间分布,促进极性官能团的暴露（Sun et al.，2013a）。

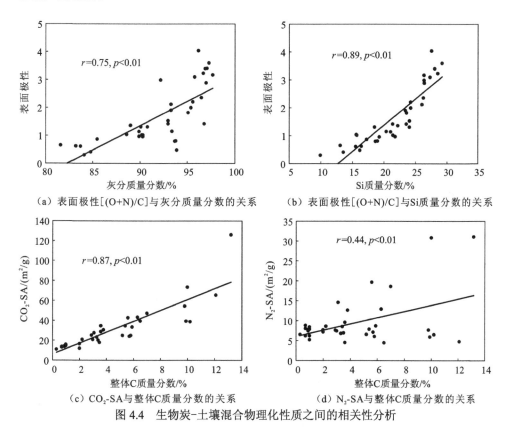

（a）表面极性[(O+N)/C]与灰分质量分数的关系　　（b）表面极性[(O+N)/C]与Si质量分数的关系

（c）CO_2-SA与整体C质量分数的关系　　（d）N_2-SA与整体C质量分数的关系

图 4.4　生物炭-土壤混合物理化性质之间的相关性分析

　　三种 HTT 下得到的小麦秸秆生物炭的 SEM 和 EDS 结果见图 4.5 和图 4.6。图中显示,三种生物炭表面类似区域的孔数量随着 HTT 的增加而增加（图 4.5）。此外,土壤和生物炭颗粒表面的矿物和有机质质量分数或组成在微米级尺度上存在非常大的差异（图 4.6）。从 SEM 和 EDS 光谱图（图 4.6）可以看出,土壤的表面大多由丰富的矿物组成,仅有少数有机质颗粒与矿物结合,而 W450 颗粒的表面主要由 OC 组成,这两点与 XPS 结果一致。

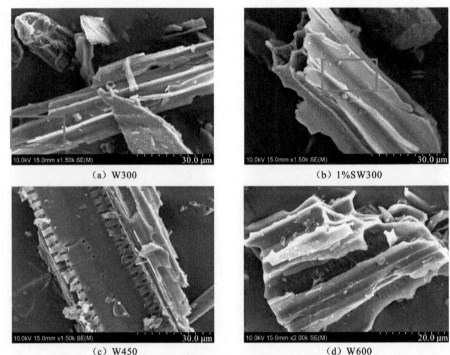

（a）W300　　　　　　　　　　　　　　（b）1%SW300

（c）W450　　　　　　　　　　　　　　（d）W600

图 4.5　生物炭和生物炭-土壤混合物的 SEM 图

纯生物炭的 CO_2-SA（89.60～499.20 m^2/g）远远高于所用土壤（10.85 m^2/g）（表 4.3）。生物炭-土壤混合物的 CO_2-SA 和微孔率随着生物炭添加比例的增加明显增加（表 4.3），这意味着 HOCs 可用的吸收位点可能会增加。300 ℃和 450 ℃的生物炭改良土壤的 N_2-SA 值没有随生物炭添加比例的增加发生明显变化，而 600 ℃的生物炭改良土壤的 N_2-SA 值则随生物炭剂量的增加而呈现明显的增长趋势（表 4.3）。这可能是由于低温生物炭的 N_2-SA 值与土壤相似，而 600 ℃生物炭的 N_2-SA 值明显大于土壤的 N_2-SA 值。生物炭-土壤混合物的 CO_2-SA（$r=0.87$，$p<0.01$）和 N_2-SA（$r=0.44$，$p<0.01$）与样品整体的 OC 质量分数显著正相关[图 4.4（c）和（d）]，表明 OC 对 CO_2-SA 和 N_2-SA 的提高有巨大的贡献。然而，这一发现与之前关于 NOM 的研究不一致，在 Ran 等（2013）的研究中，N_2-SA 随灰分质量分数的增加和 OC 质量分数的减少而增加。本研究和之前研究之间的差异可能是由有机质来源不同导致的。已有研究发现 NOM 和生物炭的孔隙是由不同的组分产生的（Han et al.，2014）。此外，生物炭-土壤混合物的 CO_2-SA 比它们各自的 N_2-SA 大得多（表 4.3），表明 N_2 和 CO_2 探测的区域不同。N_2 可能主要探测有机质和矿物颗粒的外表面，而 CO_2 还可以同时探测有机质的内部孔隙（Sun et al.，2013b；Pignatello et al.，2006）。

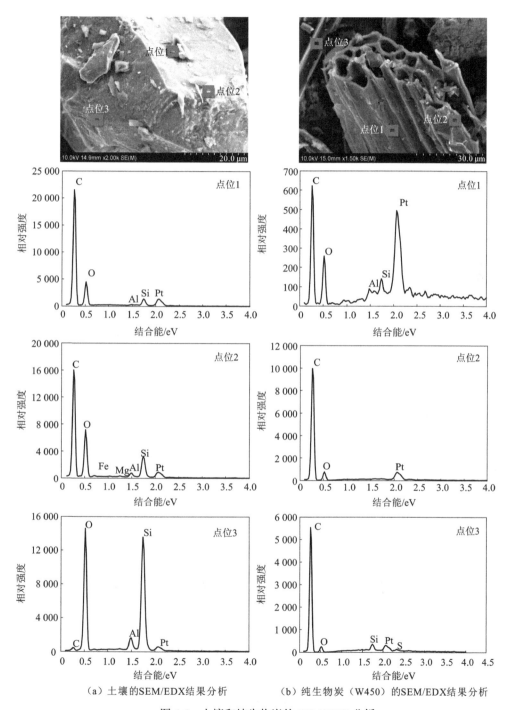

（a）土壤的SEM/EDX结果分析　　　　（b）纯生物炭（W450）的SEM/EDX结果分析

图 4.6 土壤和纯生物炭的 SEM/EDX 分析

4.2.2　生物炭−土壤混合物理化性质的预测值和实测值对比

根据质量平衡并假设土壤和生物炭之间没有交叉效应（Chen et al.，2011），可以根据式（4.1）得到混合物的 C、H、N 质量分数，以及 N_2-SA 和 CO_2-SA 的预测值。

$$E_{mix} = f_{soil}E_{soil} + f_{biochar}E_{biochar} \qquad (4.1)$$

式中：E_{mix} 为混合物中 C、H、N 质量分数、N_2-SA 或 CO_2-SA 的预测值；E_{soil} 和 $E_{biochar}$ 分别为土壤和纯生物炭中 C、H、N 质量分数、N_2-SA 或 CO_2-SA 的实测值；f_{soil} 和 $f_{biochar}$ 分别为混合物中的土壤和生物炭的质量分数。由于土壤中的 O 质量分数低于检测限，所以没有计算混合物中 O 的预测值。

生物炭−土壤元素组成和表面积的预测值和实测值的对比见表 4.4 和图 4.7。值得注意的是，生物炭改良土壤中的 C、H 和 N 质量分数的预测值与实测值不一致。而且，预测值基本上要高于相应的实测值。总体来看，实测值与预测值差别较大的情况主要出现在生物炭添加比例为 10% 和 20% 的情况下，表明这两种添加比例下土壤和生物炭之间的相互作用最强。实测值低于预期可能是因为土壤成分和生物炭之间的相互影响和/或混合物的自然氧化（Teixidó et al.，2013；Liang et al.，2008）。据报道，矿物能够移除生物炭表面的有机质（Li et al.，2015）。

表 4.4　生物炭−土壤混合物的 C、H、N 质量分数及比表面积的预测值与实测值的比较

| 样品 | 质量分数/% | | | | | | N_2-SA/(m²/g) | | CO_2-SA/(m²/g) | |
| | C | | H | | N | | | | | |
	预测值	实测值	预测值	实测值	预测值	实测值	预测值	实测值	预测值	实测值
1%SR300	0.9	0.9	0.31	0.32	0.02	0.02	6.452	7.388	12.62	13.55
5%SR300	3.1	3.0	0.45	0.48	0.05	0.05	6.386	7.353	19.73	20.52
10%SR300	5.8	5.2	0.63	0.67	0.09	0.06	6.303	6.488	28.61	24.75
20%SR300	11.3	9.9	0.97	0.99	0.17	0.14	6.139	5.873	46.38	39.05
1%SR450	0.9	0.9	0.31	0.29	0.02	0.01	6.467	7.716	13.67	13.99
5%SR450	3.2	2.9	0.43	0.40	0.05	0.05	6.465	7.515	24.98	24.95
10%SR450	6.1	5.4	0.58	0.53	0.09	0.08	6.463	7.795	39.10	34.31
20%SR450	11.8	9.8	0.89	0.78	0.17	0.15	6.458	7.619	67.36	54.31

续表

| 样品 | 质量分数/% | | | | | | N_2-SA/(m^2/g) | | CO_2-SA/(m^2/g) | |
| | C | | H | | N | | | | | |
	预测值	实测值	预测值	实测值	预测值	实测值	预测值	实测值	预测值	实测值
1%SR600	0.9	1.0	0.30	0.31	0.02	0.02	7.693	8.344	14.65	15.60
5%SR600	3.3	3.1	0.38	0.36	0.05	0.05	12.593	14.546	29.84	27.20
10%SR600	6.2	5.6	0.49	0.41	0.09	0.07	18.718	19.620	48.82	42.51
20%SR600	12.1	10.0	0.69	0.56	0.17	0.12	30.969	30.814	86.80	73.18
1%SW300	0.9	1.0	0.32	0.35	0.02	0.02	6.429	7.792	12.36	14.31
5%SW300	3.5	3.4	0.49	0.55	0.04	0.03	6.274	8.441	18.42	19.90
10%SW300	6.6	5.7	0.69	0.81	0.06	0.06	6.080	7.049	25.99	23.84
20%SW300	12.9	10.2	1.10	1.10	0.11	0.08	5.692	6.450	41.14	38.58
1%SW450	1.0	1.0	0.32	0.30	0.01	0.02	6.433	6.173	14.24	14.79
5%SW450	3.8	3.6	0.48	0.49	0.03	0.04	6.295	4.454	27.79	34.37
10%SW450	7.3	6.5	0.68	0.57	0.06	0.05	6.122	4.404	44.73	39.13
20%SW450	14.3	12.1	1.08	0.84	0.10	0.09	5.777	4.707	78.62	65.34
1%SW600	1.1	1.0	0.31	0.31	0.01	0.02	8.310	5.165	15.73	15.03
5%SW600	4.2	3.8	0.42	0.38	0.03	0.03	15.677	12.597	35.27	30.21
10%SW600	8.1	7.0	0.56	0.51	0.05	0.05	24.886	18.560	59.68	47.06
20%SW600	15.8	13.2	0.84	0.72	0.09	0.08	43.304	31.016	108.52	125.90
1%SS300	0.7	0.7	0.31	0.30	0.04	0.04	6.434	7.962	11.64	12.99
5%SS300	2.1	2.0	0.45	0.41	0.17	0.13	6.298	7.611	14.79	11.69
10%SS300	3.9	3.5	0.61	0.55	0.33	0.24	6.129	6.873	18.72	17.60
20%SS300	7.5	5.8	0.94	0.78	0.65	0.41	5.790	5.971	26.60	24.71
1%SS450	0.6	0.7	0.30	0.31	0.04	0.03	6.471	8.752	12.36	13.05

续表

| 样品 | 质量分数/% | | | | | | N_2-SA/(m²/g) | | CO_2-SA/(m²/g) | |
| | C | | H | | N | | | | | |
	预测值	实测值	预测值	实测值	预测值	实测值	预测值	实测值	预测值	实测值
5%SS450	2.0	2.0	0.39	0.37	0.14	0.11	6.482	7.117	18.41	16.31
10%SS450	3.6	3.3	0.51	0.41	0.27	0.20	6.497	6.748	25.96	22.96
20%SS450	7.0	5.9	0.73	0.60	0.52	0.39	6.525	8.633	41.08	33.06
1%SS600	0.7	0.7	0.30	0.31	0.03	0.03	6.751	6.135	12.80	13.44
5%SS600	2.1	2.2	0.36	0.34	0.13	0.11	7.884	8.531	20.61	20.67
10%SS600	3.8	3.6	0.43	0.36	0.26	0.19	9.301	9.531	30.37	28.51
20%SS600	7.4	6.3	0.58	0.50	0.50	0.34	12.133	12.895	49.90	43.01

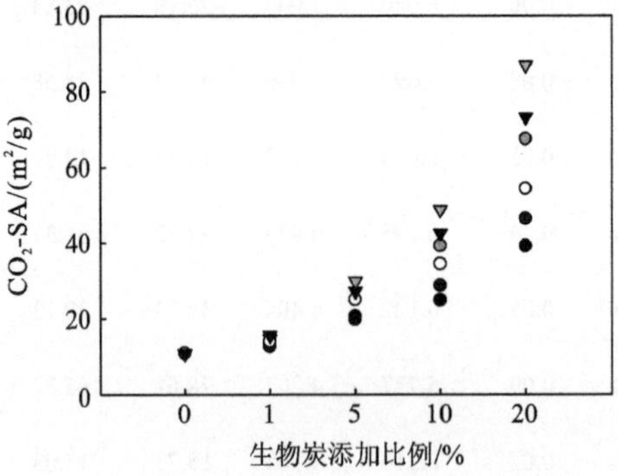

（a）水稻秸秆生物炭-土壤混合物的CO_2-SA

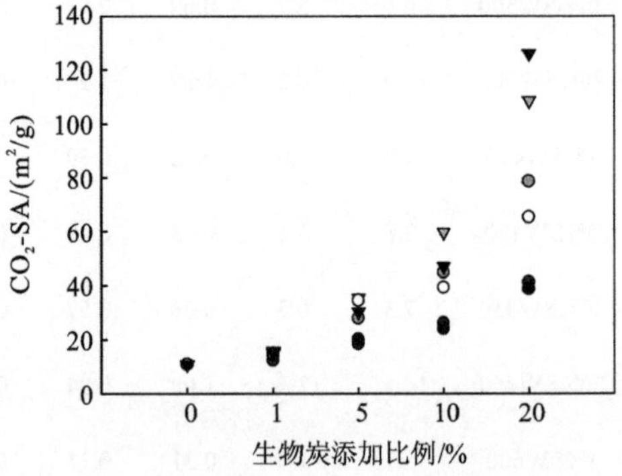

（b）小麦秸秆生物炭-土壤混合物的CO_2-SA

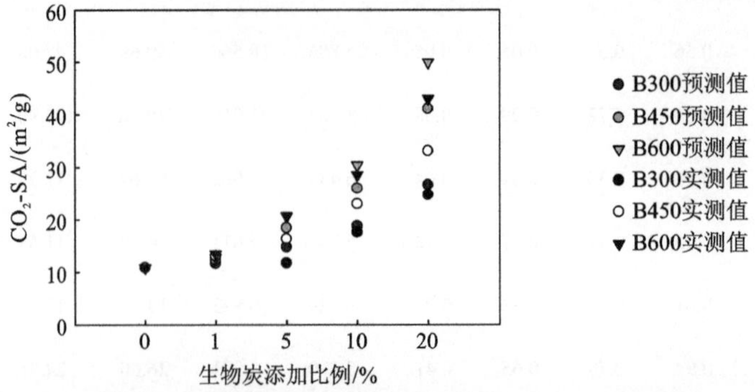

（c）猪粪生物炭-土壤混合物的CO_2-SA

● B300预测值
● B450预测值
▽ B600预测值
● B300实测值
○ B450实测值
▼ B600实测值

图4.7　生物炭改良土壤的 CO_2-SA 的预测值和实测值

对于用 300 ℃和 450 ℃下制备的生物炭（不包括 W450 及 20%SR300）改良的土壤，生物炭改良样品中预测的 N_2-SA 值略小于实测值（表 4.4）。这表明生物炭和土壤两者之间可能存在相互作用，从而表现出孔隙扩张效应。与 N_2-SA 不同，在生物炭质量分数为 10%和 20%时，除小麦秸秆生物炭改良的土壤（SR）外，混合物的 CO_2-SA 预测值明显高于实测值（图 4.7）。含有 10%和 20%生物炭-土壤混合物的 CO_2-SA 值降低可能有两个原因：①10%和 20%生物炭-土壤混合物中 OC 的损失（图 4.1 和表 4.4）可能导致 CO_2-SA 的减少，因为 OC 是生物炭 CO_2-SA 的主要贡献者；②个别成分的孔隙可能被堵塞，这将在后面详细说明。

如果将混合物中所有 CO_2-SA 的衰减都归于生物炭成分，可以通过减去土壤的贡献来计算混合物中生物炭的 CO_2-SA（SA_{int}）：

$$SA_{int} = SA_{mix}/f_{biochar} - f_{soil}SA_{soil}/f_{biochar} \qquad (4.2)$$

SA_{int} 的结果列于表 4.3。将生物炭按 1%的比例施入土壤后，除 1%SW600 外，其他生物炭-土壤混合物的 SA_{int} 提高了 1.11～2.51 倍。在其他研究中也观察到了生物炭施加到土壤后 SA 增加的现象（Heitkötter et al.，2015；Li et al.，2015；Trigo et al.，2014），这是因为土壤矿物消除了生物炭表面的有机膜。在热裂解制备生物炭之后的冷却过程中，生物炭表面的一些微孔可能会被未炭化的有机质堵塞，这是未炭化生物质在相对低温下热解的副产品（Keiluweit et al.，2012）。生物炭中含有可用溶剂提取出来的 PAHs，其质量分数范围为 610.0～4 734.0 μg/kg（Qiu et al.，2015）。研究者将这些 PAHs 从生物炭中去除后，发现生物炭的 SA 明显增加（Nguyen et al.，2007）。因此，有理由认为，生物炭的孔隙表面被一些可被土壤矿物去除的有机质所覆盖。此外，生物炭中未炭化有机质的质量分数随着 HTT 的增加而减少（Keiluweit et al.，2010），这可能会减弱生物炭施加到土壤中后 SA 增加的效果。与预期一致，生物炭与土壤相互作用后，其 CO_2-SA 的增加量通常随着 HTT 的增加而减少（表 4.3）。相反，对于用 10%和 20%的生物炭改良的土壤，与土壤的混合使生物炭的 CO_2-SA 最多减少 25%（10%SW600）（表 4.3）。可见，在与土壤混合后，最多有大约 25%的生物炭孔隙随着碳的损失而损失，或者不能被 CO_2 探测到。综上可以得出，土壤矿物质对生物炭的影响取决于生物炭的添加比例。

4.3　生物炭添加对土壤吸附农药的影响

4.3.1　土壤和纯生物炭对农药的吸附作用

吡虫啉、异丙隆和阿特拉津在土壤和纯生物炭上的吸附等温线分别如图 4.8

和图 4.9 所示，Freundlich 参数分别列于表 4.5～表 4.7。土壤和纯生物炭的吸附等温线都是高度非线性的（$n < 0.74$）。菲在纯生物炭上的吸附等温线比在土壤上的吸附等温线的非线性更强，这可以归因于生物炭更高的 CO_2-SA 值（表 4.3）。一致的是，纯生物炭吸附吡虫啉和异丙隆的 n 值随着 N_2-SA、CO_2-SA 和孔隙体积的增加呈现出下降趋势（表 4.8），这意味着孔隙填充可能是调节这些极性有机物吸附非线性的主要机制。吡虫啉及异丙隆的 n 值与纯生物炭的芳香度之间存在明显的负相关关系（表 4.8），表面芳香组分应该是负责非线性吸附过程的主要成分，这与以前的研究一致（Han et al.，2014；Chefetz et al.，2009；Xing et al.，1997）。

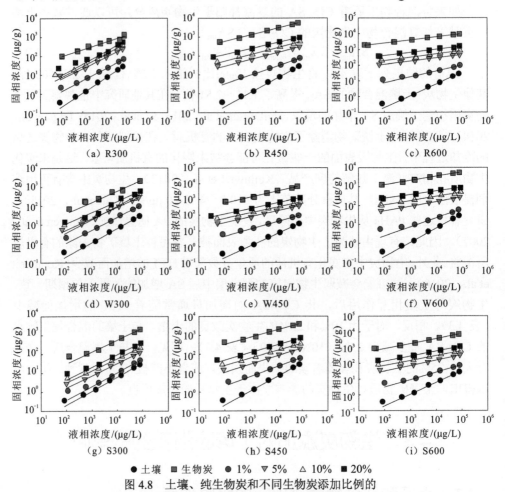

● 土壤　■ 生物炭　● 1%　▽ 5%　△ 10%　■ 20%

图 4.8　土壤、纯生物炭和不同生物炭添加比例的
生物炭-土壤混合物对吡虫啉的吸附等温线

生物炭添加比例为 1%、5%、10% 和 20%；吸附数据用 Freundlich 吸附等温线方程（对数形式）进行拟合；用
Sigmaplot 10.0 软件处理拟合结果，后同；扫封底二维码见彩图

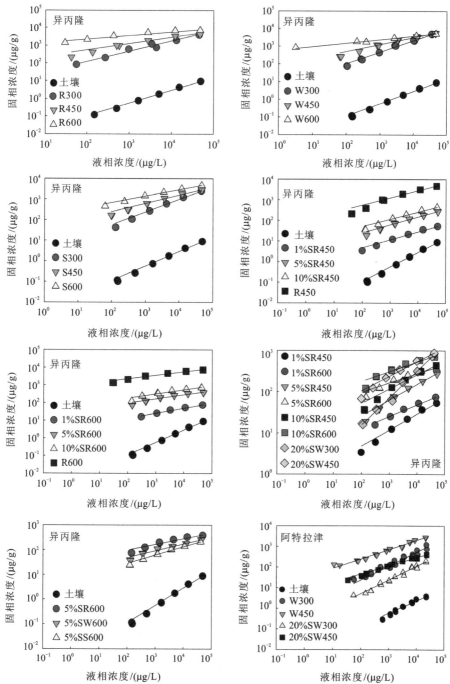

图 4.9　土壤、纯生物炭和生物炭-土壤混合物对异丙隆和阿特拉津的吸附等温线

扫封底二维码见彩图

表 4.5 吡虫啉的 Freundlich 吸附等温线参数和浓度相关的分配系数

样品	K_F	n	N^a	R^2	K_d^b/(mL/g) (C_e=0.01S_w)	$K_{d, mix}/K_{d, soil}^c$	$K_{mix, pre}^d$	$\log K_{oc}^e$/(mL/g)		
								C_e=0.01S_w	C_e=0.1S_w	C_e=1S_w
土壤	0.01±0.00^f	0.74±0.01	7	1.000	0.69	—	—	2.36	2.10	1.84
R300	17.98±8.63	0.36±0.04	14	0.916	69.75	—	—	2.10	1.47	0.83
R450	123.41±5.97	0.34±0.00	14	0.999	387.70	—	—	2.84	2.18	1.52
R600	1 039.43±41.37	0.19±0.00	14	0.997	923.51	—	—	3.19	2.39	1.58
W300	2.47±0.85	0.59±0.03	12	0.988	71.32	—	—	2.07	1.66	1.26
W450	108.93±14.28	0.37±0.01	14	0.993	444.07	—	—	2.83	2.19	1.56
W600	468.60±25.72	0.22±0.01	14	0.995	512.31	—	—	2.85	2.07	1.29
S300	1.67±0.17	0.63±0.01	14	0.999	66.82	—	—	2.25	1.88	1.52
S450	61.08±4.69	0.37±0.01	14	0.998	253.41	—	—	2.89	2.26	1.63
S600	209.44±15.39	0.31±0.01	14	0.997	519.54	—	—	3.22	2.53	1.84
1%SR300	0.09±0.01	0.58±0.01	7	1.000	2.40	3.48	1.38	2.42	2.00	1.58
5%SR300	0.47±0.05	0.55±0.01	7	0.999	9.64	13.97	4.14	2.50	2.06	1.61
10%SR300	0.47±0.13	0.60±0.03	7	0.997	13.77	19.96	7.60	2.42	2.02	1.61
20%SR300	0.56±0.27	0.61±0.05	7	0.991	18.82	27.28	14.50	2.28	1.89	1.50
1%SR450	0.39±0.09	0.46±0.02	7	0.996	3.58	5.19	4.56	2.59	2.05	1.52
5%SR450	5.77±0.43	0.35±0.01	7	0.999	19.87	28.80	20.04	2.83	2.18	1.53
10%SR450	10.56±1.80	0.35±0.02	7	0.995	35.93	52.07	39.39	2.82	2.17	1.52
20%SR450	28.75±1.83	0.31±0.01	7	0.999	69.05	100.07	78.09	2.85	2.16	1.47
1%SR600	1.38±0.36	0.37±0.02	7	0.989	5.71	8.28	9.92	2.77	2.14	1.51
5%SR600	45.41±3.16	0.20±0.01	7	0.996	42.92	62.20	46.83	3.14	2.35	1.55
10%SR600	74.73±6.65	0.21±0.01	14	0.986	76.46	110.81	92.97	3.13	2.34	1.55
20%SR600	169.27±18.69	0.20±0.01	14	0.974	152.10	220.43	185.25	3.18	2.38	1.57
1%SW300	0.05±0.01	0.68±0.02	7	0.999	2.79	4.04	1.40	2.46	2.13	1.81
5%SW300	0.31±0.03	0.60±0.01	7	1.000	9.98	14.46	4.22	2.47	2.07	1.68

续表

样品	K_F	n	N^a	R^2	K_d^b/(mL/g) ($C_e=0.01S_w$)	$K_{d,mix}/K_{d,soil}^c$	$K_{mix,pre}^d$	logK_{oc}^e/(mL/g)		
								$C_e=0.01S_w$	$C_e=0.1S_w$	$C_e=1S_w$
10%SW300	0.14±0.15	0.71±0.10	7	0.973	10.68	15.48	7.75	2.27	1.98	1.68
20%SW300	0.74±0.41	0.59±0.05	7	0.988	20.47	29.67	14.82	2.30	1.89	1.48
1%SW450	0.57±0.07	0.45±0.01	7	0.999	4.79	6.94	5.12	2.68	2.14	1.59
5%SW450	6.19±0.75	0.37±0.01	7	0.998	24.79	35.93	22.86	2.83	2.20	1.57
10%SW450	12.35±2.21	0.35±0.02	7	0.995	43.46	62.99	45.03	2.83	2.18	1.53
20%SW450	23.17±1.45	0.35±0.01	7	0.999	81.45	118.04	89.37	2.83	2.18	1.53
1%SW600	0.28±0.10	0.47±0.03	7	0.989	2.79	4.04	5.81	2.44	1.92	1.39
5%SW600	17.74±1.88	0.24±0.01	7	0.994	22.81	33.06	26.27	2.77	2.01	1.25
10%SW600	40.05±4.63	0.22±0.01	14	0.979	43.82	63.51	51.85	2.79	2.01	1.23
20%SW600	103.94±6.28	0.19±0.01	14	0.991	86.58	125.48	103.01	2.82	2.00	1.19
1%SS300	0.01±0.00	0.73±0.02	7	0.999	1.19	1.72	1.35	2.21	1.93	1.66
5%SS300	0.08±0.01	0.65±0.02	7	0.999	3.79	5.49	4.00	2.28	1.93	1.58
10%SS300	0.17±0.03	0.63±0.02	7	0.999	6.80	9.86	7.30	2.29	1.93	1.56
20%SS300	0.20±0.04	0.67±0.02	7	0.999	11.08	16.06	13.92	2.28	1.94	1.61
1%SS450	0.20±0.04	0.50±0.02	7	0.997	2.63	3.81	3.22	2.57	2.07	1.58
5%SS450	1.53±0.34	0.43±0.02	7	0.994	10.28	14.90	13.33	2.72	2.15	1.57
10%SS450	4.10±0.47	0.39±0.01	7	0.998	20.51	29.72	25.96	2.79	2.19	1.58
20%SS450	7.80±2.22	0.40±0.03	7	0.990	40.48	58.67	51.23	2.84	2.24	1.63
1%SS600	0.37±0.07	0.46±0.02	7	0.997	3.48	5.04	5.88	2.67	2.14	1.60
5%SS600	6.76±1.32	0.34±0.02	7	0.992	21.48	31.13	26.63	3.00	2.34	1.68
10%SS600	17.86±2.62	0.31±0.01	7	0.995	42.79	62.01	52.58	3.08	2.39	1.70
20%SS600	33.33±4.53	0.31±0.01	14	0.989	83.05	120.36	104.46	3.12	2.43	1.74

注：a 为数据数量；b 为吸附分配系数；c 为增强效果；$K_{d,mix}$ 和 $K_{d,soil}$ 分别为混合物和土壤的吸附分配系数；d 为预测的生物炭-土壤混合物的吸附分配系数；e 为 OC 归一化的吸附分配系数；f 为标准偏差。

表 4.6 异丙隆的 Freundlich 吸附等温线参数和浓度相关的分配系数

样品	K_F	n	N^a	R^2	$K_d^b/(mL/g)$ ($C_e=0.01S_w$)	$K_{d,mix}/K_{d,soil}^c$	$logK_{oc}^d/(mL/g)$		
							$C_e=0.01S_w$	$C_e=0.1S_w$	$C_e=1S_w$
土壤	0.004 5±0.00^e	0.70±0.01	12	0.999	0.64	—	2.33	2.03	1.73
R300	8.11±3.45	0.58±0.04	12	0.982	533.32	—	2.99	2.57	2.16
R450	111.45±18.35	0.35±0.02	12	0.990	1 593.55	—	3.45	2.81	2.16
R600	929.96±95.96	0.20±0.01	12	0.979	4 808.39	—	3.91	3.11	2.30
W300	5.20±1.05	0.65±0.02	9	0.997	529.41	—	2.94	2.59	2.24
W450	79.92±14.20	0.40±0.02	12	0.990	1 550.95	—	3.37	2.77	2.17
W600	583.86±38.67	0.20±0.01	11	0.998	3 099.06	—	3.63	2.83	2.03
S300	3.52±0.44	0.61±0.01	12	0.999	275.01	—	2.87	2.48	2.09
S450	40.32±5.37	0.40±0.01	12	0.994	774.78	—	3.37	2.77	2.16
S600	162.00±15.44	0.31±0.01	12	0.994	1 799.81	—	3.76	3.07	2.38
1%SR450	0.80±0.19	0.39±0.02	6	0.993	14.66	22.91	3.20	2.59	1.98
5%SR450	4.48±0.65	0.38±0.01	12	0.992	78.59	122.80	3.43	2.81	2.19
10%SR450	10.48±1.77	0.35±0.02	12	0.986	147.45	230.39	3.43	2.78	2.13
1%SR600	3.57±0.61	0.28±0.02	5	0.992	32.55	50.86	3.52	2.81	2.09
5%SR600	34.70±5.99	0.23±0.02	12	0.954	216.85	338.83	3.85	3.07	2.30
10%SR600	60.73±10.78	0.24±0.02	12	0.955	406.50	635.16	3.86	3.09	2.33
20%SW300	0.76±0.16	0.66±0.02	12	0.996	80.79	126.23	2.90	2.56	2.22
20%SW450	20.47±2.55	0.36±0.01	12	0.992	300.89	470.14	3.39	2.75	2.11
5%SW600	13.95±1.54	0.27±0.01	12	0.987	118.05	184.45	3.49	2.76	2.03
5%SS600	6.22±0.56	0.33±0.01	12	0.995	78.02	121.91	3.56	2.89	2.22

注:a 为数据点数量;b 为吸附分配系数;c 为增强效果;$K_{d,mix}$ 和 $K_{d,soil}$ 分别为混合物和土壤的吸附分配系数。d 为 OC 归一化的吸附分配系数;e 为标准偏差。

表 4.7　阿特拉津的 Freundlich 吸附等温线参数和与浓度有关的分配系数

| 样品 | K_F | n | N^a | R^2 | $K_d^b/(mL/g)$ ($C_e=0.01S_w$) | $K_{d,\,mix}/K_{d,\,soil}^c$ | $\log K_{oc}^d/(mL/g)$ | | |
							$C_e=0.01S_w$	$C_e=0.1S_w$	$C_e=1S_w$
土壤	0.01 ± 0.00^e	0.61 ± 0.03	14	0.983	0.82	—	2.44	2.05	1.66
W300	0.65 ± 0.21	0.74 ± 0.03	20	0.985	141.89	—	2.37	2.11	1.85
W450	31.77 ± 5.12	0.45 ± 0.02	20	0.986	1 259.01	—	3.28	2.73	2.18
20%SW300	0.32 ± 0.08	0.64 ± 0.02	20	0.988	38.69	47.18	2.58	2.22	1.86
20%SW450	7.52 ± 0.79	0.40 ± 0.01	20	0.992	220.57	268.99	3.26	2.66	2.06

注：a 为数据点数量；b 为吸附分配系数；c 为增强效果；$K_{d,\,mix}$ 和 $K_{d,\,soil}$ 分别为混合物和土壤的吸附分配系数；d 为 OC 归一化的吸附分配系数；e 为标准偏差。

表 4.8 纯生物炭对吡虫啉和异丙隆的吸附能力或 n 值与其理化性质之间的线性回归分析

项目		吡虫啉			异丙隆		
		$\log K_{oc}(0.01)^{a}$	$K_d(0.01)^{b}$	n	$\log K_{oc}(0.01)$	$K_d(0.01)$	n
C 质量分数	r	−0.06	0.26	−0.33	0.14	0.41	−0.26
	p	0.879	0.497	0.390	0.725	0.273	0.506
	N	9	9	9	9	9	9
O 质量分数	r	−0.90[**]	−0.82[**]	0.78[*]	−0.88[**]	−0.75[*]	0.94[**]
	p	0.001	0.007	0.014	0.002	0.020	0.000
	N	9	9	9	9	9	9
H/C 原子个数比	r	−0.66	−0.82[**]	0.88[**]	−0.85[**]	−0.83[**]	0.83[**]
	p	0.053	0.007	0.002	0.004	0.005	0.006
	N	9	9	9	9	9	9
(O+N)/C	r	−0.64	−0.83[**]	0.84[**]	−0.78[*]	−0.85[**]	0.85[**]
	p	0.063	0.006	0.005	0.012	0.003	0.004
	N	9	9	9	9	9	9
N$_2$-SA	r	0.45	0.66	−0.67[*]	0.64	0.82[**]	−0.74[*]
	p	0.229	0.052	0.047	0.065	0.007	0.022
	N	9	9	9	9	9	9
CO$_2$-SA	r	0.54	0.73[*]	−0.79[*]	0.69[*]	0.81[**]	−0.81[**]
	p	0.137	0.024	0.012	0.041	0.009	0.009
	N	9	9	9	9	9	9
孔体积	r	0.48	0.70[*]	−0.76[*]	0.64	0.79[*]	−0.76[*]
	p	0.189	0.034	0.017	0.062	0.012	0.016
	N	9	9	9	9	9	9
烷基 C 相对比例	r	−0.95[**]	−0.87[**]	0.66	−0.93[**]	−0.75[*]	0.89[**]
	p	0.000	0.002	0.055	0.000	0.019	0.001
	N	9	9	9	9	9	9

续表

项目		吡虫啉			异丙隆		
		$\log K_{oc}(0.01)^a$	$K_d(0.01)^b$	n	$\log K_{oc}(0.01)$	$K_d(0.01)$	n
甲氧基 C 相对比例	r	-0.94**	-0.77*	0.80*	-0.90**	-0.61	0.89**
	p	0.000	0.016	0.010	0.001	0.083	0.002
	N	9	9	9	9	9	9
碳水化合物 C 相对比例	r	-0.94**	-0.74*	0.73*	-0.84**	-0.54	0.83**
	p	0.000	0.023	0.026	0.005	0.133	0.006
	N	9	9	9	9	9	9
芳香 C 相对比例	r	0.99**	0.87**	-0.76*	0.96**	0.73*	-0.93**
	p	0.000	0.002	0.018	0.000	0.026	0.000
	N	9	9	9	9	9	9
含氧芳基 C 相对比例	r	-0.35	-0.50	0.51	-0.54	-0.66	0.59
	p	0.354	0.172	0.157	0.135	0.054	0.093
	N	9	9	9	9	9	9
芳香度	r	0.99**	0.85**	-0.74*	0.94**	0.68*	-0.91**
	p	0.000	0.004	0.022	0.000	0.043	0.001
	N	9	9	9	9	9	9
极性 C 相对比例	r	-0.98**	-0.83**	0.80**	-0.94**	-0.68*	0.91**
	p	0.000	0.006	0.010	0.000	0.042	0.001
	N	9	9	9	9	9	9

注：a 为在 $C_e=0.01S_w$ 时计算的 OC 归一化的吸附分配系数；b 为在 $C_e=0.01S_w$ 时计算的吸附分配系数；线性回归分析是用 SPSS 18.0 进行的。

对于三种农药，生物炭表现出比土壤大得多的 K_d($C_e=0.01S_w$)值，简称 $K_d(0.01)$（表 4.5、表 4.6 和表 4.7）。因此，纯生物炭添加到土壤中时，预计会提高农药的吸附量。异丙隆在土壤中的 $\log K_{oc}$ 也比纯生物炭低（图 4.10）。然而，对于吡虫啉和阿特拉津，土壤的 $\log K_{oc}$ 值比在 300℃下制备的生物炭的值更高，而比在 450℃和 600℃下制备的生物炭的值更低（图 4.10 和表 4.7）。因此，与土壤相比，在高 HTT 下生产的生物炭对吡虫啉和阿特拉津的吸附更强，这与其他研究结果一致（Wang et al.，2016；Chen et al.，2008）。

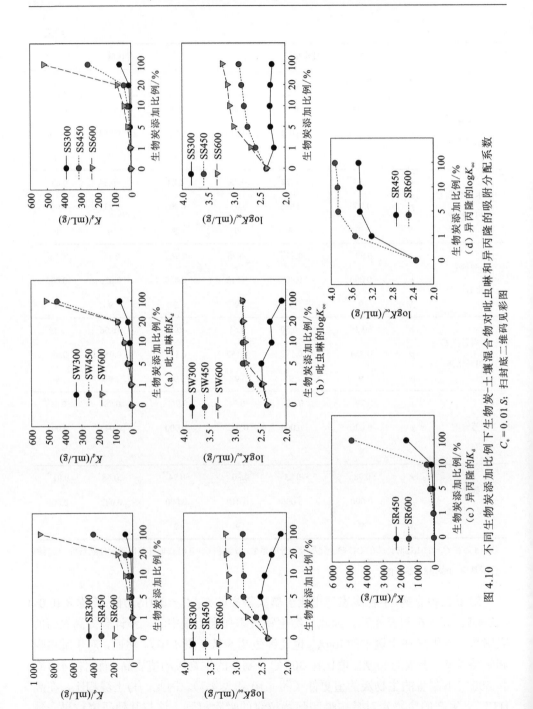

图 4.10 不同生物炭添加比例下生物炭-土壤混合物对吡虫啉和异丙隆的吸附二维码见彩图
$C_e = 0.01 S$; 扫封底二维码见彩图

同温度纯生物炭的 K_d(0.01)大小顺序为：猪粪生物炭<水稻秸秆生物炭≤小麦秸秆生物炭（除了 S600 对吡虫啉的吸附）（表 4.5、表 4.6 和表 4.7）。此外，纯生物炭对三种农药的 $\log K_{oc}$ 均随 HTT 的增加而增加（图 4.10 和表 4.7）。纯生物炭的吸附量（$\log K_{oc}$）通常遵循以下顺序：异丙隆≈阿特拉津>吡虫啉，与正辛醇-水分配系数（$\log K_{ow}$）的顺序[异丙隆（2.50）≈阿特拉津（2.70）>吡虫啉（0.57）]（表 4.2）相同。这一结果显示了疏水效应在吸附过程中的重要性。此外，在 $C_e =$ 0.01 S_w 时计算的吡虫啉和异丙隆的 $\log K_{oc}$，命名为 $\log K_{oc}$(0.01)，与 O 质量分数、极性（(O+N)/C）和极性 C 相对比例负相关（表 4.8）。这些趋势也意味着疏水分配在吡虫啉和异丙隆的吸附中起着重要作用。

此外，如表 4.8 所示，对于吡虫啉，K_d 随着 CO_2-SA 的增加和 H/C 原子个数比的降低而增加，而 $\log K_{oc}$ 与芳基 C 相对比例呈正相关，与脂肪族 C 相对比例呈负相关（表 4.8）。对于原始生物炭，异丙隆的 $\log K_{oc}$(0.01)与 CO_2-SA 和芳基 C 相对比例有很好的相关性，与 H/C 原子个数比和烷基 C 相对比例呈反比，但与 N_2-SA 的相关性较差。综合来看，这些趋势表明，生物炭对吡虫啉和异丙隆的亲和力随着生物炭的炭化程度和微孔发展而增加，这与其他研究一致（Han et al.，2014；Jin et al.，2014；Teixidó et al.，2013）。

4.3.2　生物炭对土壤吸附农药的促进作用

生物炭改良后土壤对三种农药的吸附等温线见图 4.8 和图 4.9，拟合参数见表 4.5～表 4.7。混合物中的吸附量随着生物炭剂量的增加而增加（图 4.11）。用混合物的 K_d（$K_{d,mix}$）除以单独土壤的 K_d（$K_{d,soil}$）来量化生物炭对土壤吸附的增强作用，表示为 $K_{d,mix}/K_{d,soil}$（表 4.5～表 4.7）。例如，加入 1%SR600、5%SR600、10%SR600 和 20%SR600 后，吡虫啉的 K_d(0.01)与原始土壤相比分别提高了 8.28 倍、62.20 倍、110.81 倍和 220.43 倍。这也充分证明了添加生物炭在降低土壤中吡虫啉孔隙水浓度方面的高效性。注意到，生物炭-土壤混合物对吡虫啉和异丙隆的 K_d 值与整体 C 质量分数、SA 呈正相关，而与极性呈负相关（图 4.12）。因此，增强的效果可能是来自整体 C 质量分数的增加、SA 的扩大和疏水性的降低。

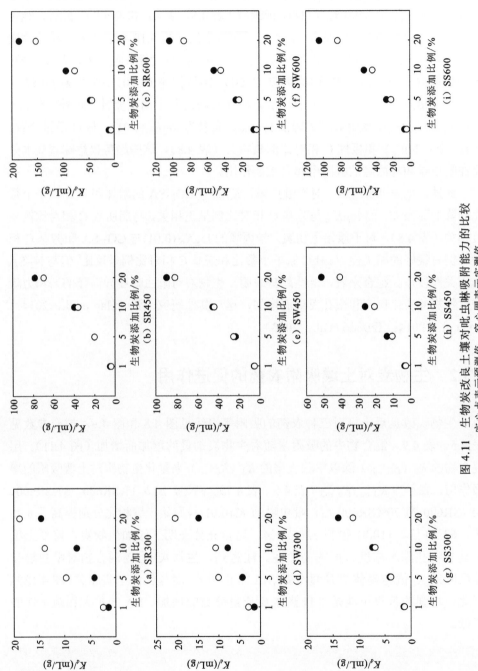

图 4.11　生物炭改良土壤对吡虫啉吸附能力的比较
实心点表示预测值，空心圆表示实测值

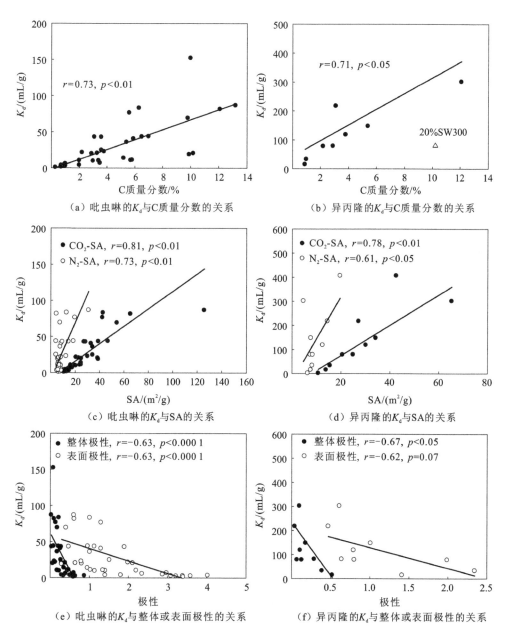

（a）吡虫啉的K_d与C质量分数的关系　　　　（b）异丙隆的K_d与C质量分数的关系

（c）吡虫啉的K_d与SA的关系　　　　　　　（d）异丙隆的K_d与SA的关系

（e）吡虫啉的K_d与整体或表面极性的关系　　（f）异丙隆的K_d与整体或表面极性的关系

图 4.12　生物炭–土壤混合物对吡虫啉和异丙隆的吸附分配系数（K_d）与 C 质量分数、
比表面积（SA）及极性之间的关系

这里需要注意的是，1%SR300、5%SR300、10%SR300、1%SW300 和 5%SW300 对吡虫啉的 $\log K_{oc}(0.01)$ 高于土壤或纯生物炭（表 4.5）。另外，在 C_e/S_w 为 0.01～1 时，20%SW300 对阿特拉津的吸附能力（$\log K_{oc}$）比单独的土壤和纯生物炭要强（表 4.7）。按照常理来讲，混合物的 $\log K_{oc}$ 应该在土壤或纯生物炭的 $\log K_{oc}$ 值范围内。本研究中出现的"异常"结果可以部分归因于生物炭和丰富的土壤矿物或其他土壤成分之间的相互作用，这可能为阿特拉津和吡虫啉提供了额外的吸附点。此外，在生物炭添加比例为 5%以上时，吡虫啉和异丙隆的 $\log K_{oc}(0.01)$ 几乎保持稳定。这意味着在生物炭添加比例为 5%以上时，生物炭对吡虫啉和异丙隆的吸附起着主导作用。

不同生物炭对土壤吸附能力的促进作用不同。在同一生物炭添加比例下，混合物吸附能力的提高一般遵循与纯生物炭的 OC 质量分数和吸附能力相同的顺序：猪粪生物炭<小麦秸秆生物炭≈水稻生物炭，并且与灰分质量分数成反比（表 4.3、表 4.5～表 4.7）。此外，生物炭对土壤的吸附增强作用通常随着热解温度的升高而增加（表 4.5～表 4.7）。例如，在 300℃下制备的猪粪生物炭对吡虫啉吸附的促进作用最弱，但仍可达到 1.72～16.06 倍（表 4.5）。

4.3.3　生物炭-土壤混合物吸附分配系数的预测值和实测值比较

通过比较吸附分配系数的预测值和实测值，可以量化土壤成分（如矿物质和 OC）对生物炭吸附能力的影响。假设生物炭-土壤混合物中，土壤和生物炭仍然是两个独立的、没有相互影响的组分，那么混合物的总吸附量可以通过土壤和生物炭吸附量之和来计算。吡虫啉的吸附数据最为详细，因此以吡虫啉为例，进行混合物吸附分配系数预测值和实测值的对比分析。生物炭-土壤吸附量的预测值计算如下：

$$q_{pre} = f_{soil} K_{soil} C_e^m + f_{biochar} K_{biochar} C_e^n \tag{4.3}$$

因此，预测的 $K_{mix, pre}$ 可以定义为

$$K_{mix,pre} = f_{soil} K_{d,soil} + f_{biochar} K_{d,biochar} \tag{4.4}$$

式中：K_{soil} 和 $K_{biochar}$ 分别为土壤和生物炭的吸附亲和力参数；m 和 n 分别为土壤和生物炭吸附的 Freundlich 指数；$K_{mix, pre}$ 为混合物吸附分配系数的预测值，$K_{d, soil}$ 和 $K_{d, biochar}$ 分别为土壤和纯生物炭的吸附分配系数的实测值。

图 4.11 显示了 $K_{mix, pre}$ 与施用率（土壤和生物炭分别为 0%和 100%）的关系。对于生物炭添加比例为 10%和 20%的混合物（不包括 SR300 和 SW300），混合物吸附亲和力的实测值（$K_{mix, exp}$）比预测值（$K_{mix, pre}$）略小。衰减效应可能是由两

个原因造成的。①在制备混合物的过程中有机质的损失（图 4.1）。如上所述，混合物对吡虫啉的 $K_d(0.01)$ 与有机质质量分数呈正相关（图 4.12）。与预测值相比，生物炭添加比例为 10%和 20%的混合物的有机质质量分数明显降低（图 4.1），这将不可避免地削弱其对 HOCs 的吸附亲和力。②土壤中的有机质和其他吸附质可能会竞争或阻塞生物炭表面的吸附位点（Cornelissen et al.，2005a，2005b），从而减少吡虫啉的可用吸附位点。与这个推论一致的是，含有 10%和 20%生物炭的混合物的 CO_2-SA 预测值明显高于实验值（图 4.7），表明生物炭和土壤混合后发生了孔减少或孔阻塞。

其次，尽管 SR300 和 SW300 的 C 质量分数也降低了，SR300 和 SW300 吸附吡虫啉的 $K_{mix, exp}$ 仍高于 $K_{mix, pre}$（图 4.11）。如上所述，孔隙填充是吡虫啉吸附的主要机制。另外，混合物对吡虫啉的 K_d 与 N_2-SA 值呈正相关，也证实了孔填充的重要性[图 4.12（c）]。因此，添加 R300 和 W300 后的土壤的 N_2-SA 值较预测值增大，可以补偿由于 C 含量减少造成的吸附能力下降的不足，提高吡虫啉的 $K_{biochar}$（表 4.5）。从这些结果可以得出结论：假设土壤和生物炭之间没有相互作用，在生物炭添加比例较高的情况下，可能会高估生物炭-土壤混合物对吡虫啉的吸附能力；而在生物炭添加比例较低的情况下，可能会低估生物炭-土壤混合物对吡虫啉的吸附能力。

与 SA_{int} 一样，将混合物中土壤和生物炭之间的所有相互作用效应归于生物炭成分，可以在减去土壤的贡献后计算出混合物中生物炭的吸附分配系数 $K_{int, biochar}$：

$$K_{int,biochar} = K_{d,mix}/f_{biochar} - f_{soil}K_{d,soil}/f_{biochar} \qquad (4.5)$$

通过计算发现，SR300 和 SW300 对吡虫啉的 $K_{int, biochar}$ 是原始生物炭的 1.3～5.6 倍（表 4.9）。对于其他吸附体系，与原始生物炭相比，土壤的存在抑制了生物炭的内在 $K_{int, biochar}$，其最小值仅为原始生物炭 $K_{d, biochar}$ 的 30%（表 4.9）。

表 4.9　生物炭-土壤混合物中生物炭对吡虫啉的吸附分配系数

样品	$K_{int, biochar}$ [a]			$K_{int, biochar}/K_{d, biochar}$ [b]		
	$C_e=0.01S_w$	$C_e=0.1S_w$	$C_e=1S_w$	$C_e=0.01S_w$	$C_e=0.1S_w$	$C_e=1S_w$
1%SR300	171.30	54.43	14.57	2.5	3.4	3.9
5%SR300	179.73	61.77	20.69	2.6	3.8	5.6
10%SR300	131.47	50.78	19.44	1.9	3.2	5.2
20%SR300	91.36	36.96	14.89	1.3	2.3	4.0
1%SR450	290.01	66.41	9.41	0.7	0.8	0.5
5%SR450	384.37	81.62	15.87	1.0	1.0	0.9
10%SR450	353.04	76.62	15.94	0.9	0.9	0.9

样品	$K_{\text{int, biochar}}$ [a]			$K_{\text{int, biochar}}/K_{\text{d, biochar}}$ [b]		
	$C_e=0.01S_w$	$C_e=0.1S_w$	$C_e=1S_w$	$C_e=0.01S_w$	$C_e=0.1S_w$	$C_e=1S_w$
20%SR450	342.47	68.64	13.42	0.9	0.8	0.7
1%SR600	502.65	96.32	10.63	0.5	0.7	0.5
5%SR600	845.27	129.14	17.67	0.9	0.9	0.8
10%SR600	758.42	120.62	18.23	0.8	0.8	0.8
20%SR600	757.76	117.69	17.85	0.8	0.8	0.8
1%SW300	210.68	95.36	42.59	3.0	3.4	3.9
5%SW300	186.45	73.29	28.49	2.6	2.6	2.6
10%SW300	100.62	50.95	25.79	1.4	1.8	2.4
20%SW300	99.57	38.19	14.57	1.4	1.4	1.3
1%SW450	410.80	98.10	17.65	0.9	0.9	0.7
5%SW450	482.72	108.11	22.83	1.1	1.0	0.9
10%SW450	428.40	94.28	20.07	1.0	0.9	0.8
20%SW450	404.50	90.01	19.73	0.9	0.9	0.8
1%SW600	210.31	44.97	3.69	0.4	0.5	0.3
5%SW600	442.99	71.37	9.55	0.9	0.8	0.7
10%SW600	432.00	68.94	10.06	0.8	0.8	0.7
20%SW600	430.12	64.99	9.38	0.8	0.8	0.7
1%SS300	50.42	25.73	13.01	0.8	0.9	1.1
5%SS300	62.78	26.45	10.95	0.9	0.9	0.9
10%SS300	61.77	25.76	10.63	0.9	0.9	0.9
20%SS300	52.62	24.18	11.09	0.8	0.8	0.9
1%SS450	195.04	46.18	5.87	0.8	0.8	0.4
5%SS450	192.47	47.60	10.63	0.8	0.8	0.8
10%SS450	198.86	47.16	10.59	0.8	0.8	0.8
20%SS450	199.65	48.90	11.72	0.8	0.8	0.8
1%SS600	279.72	64.13	8.96	0.5	0.6	0.4
5%SS600	416.58	86.81	16.59	0.8	0.8	0.8
10%SS600	421.66	83.48	15.76	0.8	0.8	0.7
20%SS600	412.49	83.69	16.65	0.8	0.8	0.8

注：a 为减去土壤的贡献后，生物炭-土壤混合物中生物炭的内在吸附分配系数；b 为纯生物炭的吸附分配系数。

参 考 文 献

Azargohar R, Dalai A K, 2006. Biochar as a precursor of activated carbon. Applied Biochemistry and Biotechnology, 131(1-3): 762-773.

Barbash J E, Thelin G P, Kolpin D W, et al., 2001. Major herbicides in ground water: Results from the national water-quality assessment. Journal of Environmental Quality, 30(3): 831-845.

Chefetz B, Xing B, 2009. Relative role of aliphatic and aromatic moieties as sorption domains for organic compounds: A review. Environmental Science & Technology, 43(6): 1680-1688.

Chen B, Yuan M, 2011. Enhanced sorption of polycyclic aromatic hydrocarbons by soil amended with biochar. Journal of Soils and Sediments, 11(1): 62-71.

Chen B, Zhou D, Zhu L, 2008. Transitional adsorption and partition of nonpolar and polar aromatic contaminants by biochars of pine needles with different pyrolytic temperatures. Environmental Science & Technology, 42(14): 5137-5143.

Cornelissen G, Gustafsson Ö, 2005a. Importance of unburned coal carbon, black carbon, and amorphous organic carbon to phenanthrene sorption in sediments. Environmental Science & Technology, 39(3): 764-769.

Cornelissen G, Gustafsson Ö, Bucheli T D, et al., 2005b. Extensive sorption of organic compounds to black carbon, coal, and kerogen in sediments and soils: Mechanisms and consequences for distribution, bioaccumulation, and biodegradation. Environmental Science & Technology, 39(18): 6881-6895.

Garcia-Jaramillo M, Cox L, Knicker H E, et al., 2015. Characterization and selection of biochar for an efficient retention of tricyclazole in a flooded alluvial paddy soil. Journal of Hazardous Materials, 286: 581-588.

Garrido-Herrera F, González-Pradas E, Fernández-Pérez M, 2006. Controlled release of isoproturon, imidacloprid, and cyromazine from alginate-bentonite-activated carbon formulations. Journal of Agricultural and Food Chemistry, 54(26): 10053-10060.

Han L, Sun K, Jin J, et al., 2014. Role of structure and microporosity in phenanthrene sorption by natural and engineered organic matter. Environmental Science & Technology, 48(19): 11227-11234.

Heitkötter J, Marschner B, 2015. Interactive effects of biochar ageing in soils related to feedstock, pyrolysis temperature, and historic charcoal production. Geoderma, 245: 56-64.

Jin J, Sun K, Wu F, et al., 2014. Single-solute and bi-solute sorption of phenanthrene and dibutyl phthalate by plant-and manure-derived biochars. Science of the Total Environment, 473: 308-316.

Jones D L, Edwards-Jones G, Murphy D V, 2011. Biochar mediated alterations in herbicide breakdown and leaching in soil. Soil Biology and Biochemistry, 43(4): 804-813.

Keiluweit M, Kleber M, Sparrow M A, et al., 2012. Solvent-extractable polycyclic aromatic hydrocarbons in biochar: Influence of pyrolysis temperature and feedstock. Environmental Science & Technology, 46(17): 9333-9341.

Keiluweit M, Nico P S, Johnson M G, et al., 2010. Dynamic molecular structure of plant biomass-derived black carbon (biochar). Environmental Science & Technology, 44(4): 1247-1253.

Lehmann J, 2007. A handful of carbon. Nature, 447(7141): 143-144.

Lehmann J, Joseph S, 2009. Biochar for environmental management: Science and technology. London: Routledge.

Li J, Li S, Dong H, et al., 2015. Role of alumina and montmorillonite in changing the sorption of herbicides to biochars. Journal of Agricultural and Food Chemistry, 63(24): 5740-5746.

Liang B, Lehmann J, Solomon D, et al., 2008. Stability of biomass-derived black carbon in soils. Geochimica et Cosmochimica Acta, 72(24): 6069-6078.

Marris E, 2006. Putting the carbon back: Black is the new green. Nature, 442(7103): 624-626.

Nguyen T H, Cho H H, Poster D L, et al., 2007. Evidence for a pore-filling mechanism in the adsorption of aromatic hydrocarbons to a natural wood char. Environmental Science & Technology, 41(4): 1212-1217.

Pignatello J J, Kwon S, Lu Y, 2006. Effect of natural organic substances on the surface and adsorptive properties of environmental black carbon (Char): Attenuation of surface activity by humic and fulvic acids. Environmental Science & Technology, 40(24): 7757-7763.

Qiu M, Sun K, Jin J, et al., 2015. Metal/metalloid elements and polycyclic aromatic hydrocarbon in various biochars: The effect of feedstock, temperature, minerals, and properties. Environmental Pollution, 206: 298-305.

Ran Y, Yang Y, Xing B, et al., 2013. Evidence of micropore filling for Sorption of nonpolar organic contaminants by condensed organic matter. Journal of Environmental Quality, 42(3): 806-814.

Sun K, Jin J, Keiluweit M, et al., 2012. Polar and aliphatic domains regulate sorption of phthalic acid esters (PAEs) to biochars. Bioresource Technology, 118: 120-127.

Sun K, Kang M, Zhang Z, et al., 2013a. Impact of deashing treatment on biochar structural properties and potential sorption mechanisms of phenanthrene. Environmental Science & Technology, 47(20): 11473-11481.

Sun K, Ran Y, Yang Y, et al., 2013b. Interaction mechanism of benzene and phenanthrene in condensed organic matter: Importance of adsorption (nanopore-filling). Geoderma, 204: 68-74.

Sun X, Zhou Q, Ren W, 2013c. Herbicide occurrence in riparian soils and its transporting risk in the Songhua River Basin, China. Agronomy for Sustainable Development, 33(4): 777-785.

Teixidó M, Hurtado C, Pignatello J J, et al., 2013. Predicting contaminant adsorption in black carbon (biochar)-amended soil for the veterinary antimicrobial sulfamethazine. Environmental Science & Technology, 47(12): 6197-6205.

Trigo C, Spokas K A, Cox L, et al., 2014. Influence of soil biochar aging on sorption of the herbicides MCPA, nicosulfuron, terbuthylazine, indaziflam, and fluoroethyldiaminotriazine. Journal of Agricultural and Food Chemistry, 62(45): 10855-10860.

Wang Z, Han L, Sun K, et al., 2016. Sorption of four hydrophobic organic contaminants by biochars derived from maize straw, wood dust and swine manure at different pyrolytic temperatures. Chemosphere, 144: 285-291.

Woolf D, Amonette J E, Street-Perrott F A, et al., 2010. Sustainable biochar to mitigate global climate change. Nature Communications, 1(1): 56.

Xing B, Pignatello J J, 1997. Dual-mode sorption of low-polarity compounds in glassy poly (vinyl chloride) and soil organic matter. Environmental Science & Technology, 31(3): 792-799.

Yang Y, Sheng G, 2003a. Enhanced pesticide sorption by soils containing particulate matter from crop residue burns. Environmental Science & Technology, 37(16): 3635-3639.

Yang Y, Sheng G, 2003b. Pesticide adsorptivity of aged particulate matter arising from crop residue burns. Journal of Agricultural and Food Chemistry, 51(17): 5047-5051.

第5章 天然和火成有机质组分
表征及其对菲的吸附

SOM 由分子大小、化学组成迥异的多种有机成分组成，其中 80%是 HS（Steelink，2002）。根据经典化学分馏方法，HS 在土壤中主要以 FA、HA 和 HM 的形式存在。由于土壤中存在大量的 HS，所以上述不同形式的 HS 组分发生微小的改变都可能对土壤性质产生显著的影响。森林火灾会改变原有土壤碳的组成，并在生态系统中产生大量新的火成碳。从全球来看，森林火灾每年产生 0.4～2.5 亿 t 火成碳（Lehmann，2007）。全球范围内在沉积物、土壤和水体中储存的火成碳可达 3 000～5 000 亿 t（Hockaday et al.，2007）。具体来说，火成碳在草原和北方森林土壤中占总有机质质量分数的 40%（Preston et al.，2006）。此外，生物炭形式的火成有机质（PyOM）在土壤修复和碳封存实际应用方面表现优异，受到广泛关注（Lehmann，2007）。PyOM 又被称为焦炭、木炭、生物炭或黑碳，在环境中广泛存在，会对土壤的物理性质和化学性质产生影响。

研究人员发现，从日本的火山灰土壤和亚马孙黑土中分离出的腐殖质富含火成 HA 组分（Shindo et al.，2016；Mao et al.，2012；Novotny et al.，2007；Shindo et al.，2004；Haumaier et al.，1995）。在风化作用下，部分 PyOM 经过氧化和水合作用，可以转化为 FA 或者具有石墨般致密芳香结构的 HA，导致土壤中腐殖质的大量积累。尽管以往研究已经详细描述了 PyOM 组分的化学和结构特性，但需要注意的是，这些研究大多数是直接从火灾后的土壤中收集 PyOM 样品，并没有通过进一步的纯化除去其中所含的天然有机质（NOM）组分。PyOM 对天然 HA 具有强吸附作用（Kasozi et al.，2010），容易导致 PyOM 被天然 HA 污染（Cheng et al.，2008）。这也是在对火成碳样品进行 ^{14}C 定年前，需要通过预处理除去其中混入的 HA 组分的原因（Miyairi et al.，2004；McGeehin et al.，2001）。因此，可以合理地假设，天然 HA 的存在将影响 PyOM 组分的特性。先前的研究显示，使用氧化剂如 HNO_3（Hiemstra et al.，2013；Trompowsky et al.，2005）氧化生物炭后，可从中提取出 HA 和 FA 类似物。结合元素分析、热重分析和 ^{13}C-NMR 光谱测量发现，从生物炭中分离出来的 HA 与从火灾土壤中提取的火成 HA 具有相似的特征。因此，本研究将从生物炭中提取 HS 类似物作为 PyOM 模式组分，并对比研究其与 NOM 组分的特性差异。

土壤/沉积物中 HOCs 的归趋主要受固相物质的吸附调控（Luthy et al.，1997）。HOCs 在土壤/沉积物中的吸附通常以 BC（即 PyOM）为主（Sullivan et al.，2011；Allen-King et al.，2002），BC 对 HOCs 的吸附容量比其他组分高 1 000 倍左右（Ran et al.，2007；Cornelissen et al.，2005）。因此，生物炭的施加有利于将 HOCs 固定在土壤中（Teixidó et al.，2013；Jones et al.，2011）。应用生物炭修复污染场地成功的前提是，生物炭对 HOCs 的良好吸附能力可以长期维持。然而，氧化过程对生物炭吸附 HOCs 的影响研究尚未取得一致性结论。例如，有研究发现，生物炭对 HOCs 的吸附作用可能因氧化而减弱（Chen et al.，2011；Yang et al.，2003），而也有研究表明，生物炭对 HOCs 具有良好的吸附能力，这种吸附能力在剧烈老化过程中仍持续存在（Hale et al.，2011；Jones et al.，2011）。这些相互矛盾的结论表明，生物炭氧化对 HOCs 吸附的影响需要进一步研究。以前大多数的研究中，PyOM 组分的吸附能力很少被考虑进来。如上所述，随着氧化的发生，生物炭将释放具有稠环结构的 HA 分子，这可能会影响污染物吸附的强度。因此，为了探讨氧化对生物炭吸附的影响并准确预测 HOCs 在生物炭改良土壤中的归趋，应探索不同 PyOM 组分包括火成 HA 的吸附性质。此外，据报道，生物炭的芳香碳组分在 HOCs 的吸附中起着重要作用，而 NOM 的脂肪碳组分主导着 HOCs 的吸附（Han et al.，2014；Chefetz et al.，2009）。可见，从生物炭中提取的 PyOM 组分将表现出与 NOM 组分不同的吸附特性。据此，本章考察从生物炭中提取的 PyOM 组分的组成和结构信息，对比研究 NOM 和 PyOM 组分的组成特征差异，揭示 PyOM 和 NOM 组分对菲吸附行为及吸附机制的差异。

5.1　天然和火成有机质组分的分离提取和吸附特性分析方法

5.1.1　分离提取

从三江平原采集农业土壤样品（记为 AG）（通过化学热氧化法，即在 375℃下反应 24 h 测得土壤中 BC 质量分数为 14.5%）。在新疆某草地上采集 BC 质量分数较低（2.2%）的土壤样品（记为 GR）。随后，按照 Sun 等（2013）和 Kang 等（2005）报道的方法从土壤中分离提取 HA 和 HM 组分。首先，用 0.1 mol/L 的 NaOH 溶液提取土壤样品 7 次，将 7 次提取物混合，酸化至 pH=2，使 HA 发生沉淀，从可溶性

FA 组分中分离出来。然后通过与 0.1 mol/L 的 HCl 和 0.3 mol/L 的 HF 混合，振荡去除 HA 组分中的灰分。接着向提取 HA 后的沉淀残余物中加入 1 mol/L 的 HCl 和 10%（体积比）HF 溶液去除矿物，以获得 HM 组分。离心后，用去离子水洗涤 HA 和 HM，冷冻干燥，并研磨成细粉（<0.25 μm）后保存，用于后续的表征和吸附实验。

在 300 ℃、450 ℃和 600 ℃的热处理温度（HTT）下，裂解玉米秸秆和猪粪制备生物炭。对所得生物炭进行研磨和筛分（<0.25 μm），随后按 1∶30 固/液比向其中加入 25%的 HNO$_3$（约 5.5 mol/L），在 90 ℃下氧化 4 h（Shindo et al.，1998）。去除过量的酸后，按照土壤有机质组分的提取方法提取生物炭中的 HA 和 HM 类似物质。生物炭中 HA 的产量取决于 HTT（表 5.1 和表 5.2）。在 450 ℃条件下制备的生物炭具有最高的 HA 产率，这与先前的研究结果一致（Trompowsky et al.，2005）。当 HTT=300 ℃时，生物炭裂解不充分，结构不致密，容易在 HNO$_3$处理下发生氧化降解，留存下来的 HA 类似物较少。当 HTT=600 ℃时，生物炭逐渐石墨化，结构致密，但含有的 HA 类似物的含量降低（Trompowsky et al.，2005；Shindo et al.，1998）。在 300 ℃和 600 ℃下生产的生物炭中 HA 的提取量不足以用于后续实验。因此，在本研究使用 450 ℃制备的生物炭中提取的 HA 和 HM 类似物进行后续的表征和吸附实验。有研究指出，450 ℃条件下制备的生物炭更适用于土壤改良（Jones et al.，2012；Chan et al.，2007）。所得生物炭样品根据原材料进行命名，即玉米秸秆生物炭（maize straw-derived biochar）命名为 MA，猪粪生物炭（swine manure-derived biochar）命名为 SW。从生物炭中提取出的 PyOM 组分样品根据来源被命名为 MA-AO（AO 即 acid oxidation，表示酸氧化），MA-HA，MA-HM，SW-AO，SW-HA 和 SW-HM。使用 [14]C 标记和未标记的菲作为吸附质，试剂购自 Sigma-Aldrich 公司。

表 5.1　氧化后生物炭中胡敏酸和胡敏素的质量回收率

生物质样品		质量回收率/%					
来源	HTT/℃	M_{BU}/M_{BM} [a]	M_{HA}/M_{AO}	M_{HM}/M_{AO}	M_{AO}/M_{BU}	M_{HA}/M_{BU}	M_{HM}/M_{BU}
	300	46.5	nd[b]	nd	15.4	nd	nd
玉米秸秆	450	30.7	66.3	17.6	95.2	63.1	16.8
	600	26.5	0.4	95.7	97.6	0.4	93.4
	300	62.9	3.6	87.1	15.2	0.5	13.2
猪粪	450	51.8	74.9	19.2	60.1	45.0	11.5
	600	48.5	5	87.4	66.3	3.3	57.9

注：a 中 M 为样品质量；b 表示未检测，在 300 ℃条件下产制备的玉米秸秆生物炭氧化后的质量不能满足后续提取需求；下角标字符含义：BM（biomass，生物质）、BU（bulk biochar，原始生物炭）、AO（氧化后生物炭）、HA（胡敏酸）和 HM（胡敏素）。

表 5.2　450 ℃条件下制备的生物炭、氧化生物炭、胡敏酸和胡敏素的质量回收率和有机碳回收率

样品来源	质量回收率/%						有机碳回收率/%				
	M_{BU}/M_{BM}	M_{HA}/M_{AO}	M_{HM}/M_{AO}	M_{AO}/M_{BU}	M_{HA}/M_{BU}	M_{HM}/M_{BU}	$C_{BU}{}^a/C_{BM}$	C_{HA}/C_{AO}	C_{HM}/C_{AO}	C_{AO}/C_{BU}	C_{HA}/C_{BU}	C_{HM}/C_{BU}
玉米秸秆	30.7	66.3	17.6	95.2	63.1	16.8	52.1	65.1	16.8	69.9	45.5	11.7
猪粪	51.8	74.9	19.2	60.1	45.0	11.5	53.9	79.8	1.9	86.9	69.3	1.6
草地土壤	—	—	—	—	3.5	7.8	—	—	—	—	16.0	11.9
农业土壤	—	—	—	—	1.0	20.3	—	—	—	—	35.0	16.0

注：a 中样品中有机碳（OC）的总量 $C = M \cdot f_{oc}$，其中 f_{oc} 为样品中 OC 的质量分数，玉米秸秆和猪粪的 f_{oc} 分别为 43.8%和 32.4%；其他样本的 f_{oc} 值如表 5.3 所示。

5.1.2　表征技术

用元素分析仪测定不同有机质组分的元素（C、H、O 和 N）组成。通过在 750℃加热吸附剂 4 h 来测量其中的灰分质量分数。用 XPS 检测样品表面元素组成和官能团。Jin 等（2015）详细描述了 XPS 的运行参数。将 C1s 精细光谱按照以下区域进行解卷积分析：C—C 284.9 eV，C—O 286.5 eV，C＝O 287.9 eV，COO 289.4 eV。在 NMR 光谱仪上以 75 MHz 获得样品的固态交叉极化魔角旋转 ^{13}C-NMR 谱。通过在 Quantachrome Autosorb-iQ 气体分析仪上进行气体（CO_2 和 N_2）吸附测定样品的孔隙和比表面性质。

5.1.3　吸附实验

吸附实验的背景溶液中含有 0.01 mol/L 的 $CaCl_2$，用于控制离子强度，还含有 200 mg/L 的 NaN_3 溶液，用于抑制微生物的生长。用背景溶液稀释 ^{14}C 标记和未标记的菲储备溶液来制备测试溶液，浓度范围为 2～1 100 μg/L，并用 0.1 mol/L HCl 或 0.1 mol/L NaOH 将溶液的 pH 调节为 6.5。称取一定量的吸附剂，加到 40 mL 玻璃瓶中，随后倒入足量的菲测试溶液，确保顶部空间保持最小。吸附剂的用量是根据预实验制定的，需要保证菲的吸附率在 20%～80%，以减少测试误差。测试溶液中的甲醇浓度总是小于 0.1%（体积比）以避免共溶剂效应。用含有特氟龙内衬的螺旋盖将玻璃小瓶盖上并拧紧，在 23℃±1℃的黑暗中振荡 10 天。预实验表明 10 天的反应时间可以达到表观吸附平衡。10 天后，取出小瓶离心，从每个小瓶中取出 1.5 mL 上清液，加入含有 4 mL 闪烁液的相应小瓶中，通过液体闪烁计数分析菲的浓度。吸附实验结束后溶液的 pH 为 6.4～6.8。每个菲浓度点设置两个平行样，同时设置两个不含吸附剂的空白对照样。鉴于对照组中菲的质量损失可忽略不计，可以通过吸附前后溶液中菲的质量差异计算吸附剂对菲的吸附量。

5.1.4　吸附模型和数据分析

使用三种非线性模型来拟合菲的吸附数据：Freundlich 模型、PD（Polanyi-Dubinin）模型和 DR（Dubinin-Radushkevich）模型。Freundlich 模型的拟合方程见式（1.1）～式（1.3）。

PD 模型:

$$\log q_e = \log Q_0 + a(\epsilon_{S_w}/V_s)^b \qquad (5.1)$$

式中: Q_0 为饱和吸附容量; $\epsilon = RT\ln(S_w/C_e)$, 为有效吸附电势, S_w 为 20 ℃时的水溶解度, 菲的 S_w 值为 1 120 μg/L, R 为通用气体常数, 8.314×10^{-3} kJ/(mol·K), T 为绝对温度; V_s 为溶质的摩尔体积; a 和 b 为拟合参数。

DR 模型:

$$\log q_e = \log Q_0 - D(\epsilon_{S_w}/V_s)^2 \qquad (5.2)$$

式中: D 为吸附能相关的常数。

用 Sigmaplot 10.0 对吸附等温数据进行拟合。通过 SPSS 18.0 软件分析吸附剂性质和菲的吸附系数之间的相关性。使用 t 检验分析不同吸附剂的理化性质和吸附能力的差异, 当 $p < 0.05$ 时, 认为具有显著差异。

5.2　天然和火成有机质组分的理化性质

5.2.1　元素组成

HNO₃氧化导致 MA 和 SW 中整体 O 和 N 的质量分数明显增加 (图 5.1 和表 5.3)。氧化后生物炭的高 O 质量分数可能是因为 HNO₃处理时引入了含 O 官能团 (例如羧基、酚基和硝基), 而升高的 N 质量分数可能是形成的硝基引起的。氧化生物炭的 OC 回收率数据 (表 5.2) 显示, HNO₃氧化后, MA 和 SW 均有 OC 损失的情况, 这与以前的研究一致 (Singh et al., 2012; Cheng et al., 2008)。

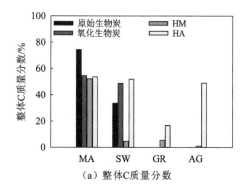

（a）整体C质量分数

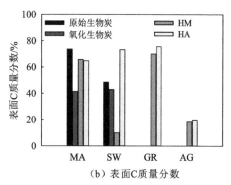

（b）表面C质量分数

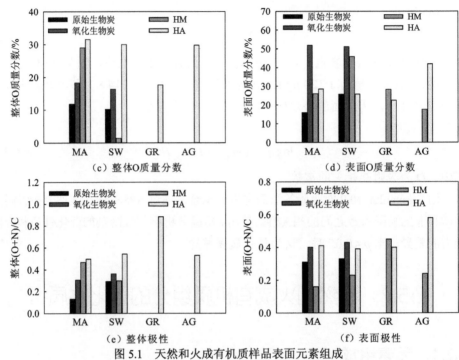

图 5.1　天然和火成有机质样品表面元素组成

扫封底二维码见彩图

　　对氧化后生物炭进行有机质组分分离提取后发现，火成 HA 是其中最主要的组分，MA 和 SW 中 HA 的质量分数分别达 63.1% 和 45.0%；同时，MA-HA 和 SW-HA 的 OC 回收率分别为 45.5% 和 69.3%（表 5.2）。本研究中从生物炭中提取的 HA 的量与 Trompowsky 等（2005）中报道的相当。对不同来源的 HA 组分进行元素分析发现，从经常受大火影响的农业土壤中提取的 HA 的 OC 质量分数为 49.0%，从生物炭中提取的 HA 的 OC 质量分数略高，为 51.9% 和 53.6%，这两类 HA 的 OC 质量分数都远高于草地土壤中 HA 的 OC 值（16.5%），这可能是由于后者土壤中火成碳的输入很少造成的（表 5.3 和图 5.1）。其他富含火成碳的土壤中 HA 也含有较多的 OC，其质量分数在 57%～63%（de Melo Benites et al.，2005）。AG-HA、MA-HA 和 SW-HA 的整体极性值相当，均低于 GR-HA 的极性值（图 5.1）。为了更好地比较火成 HA 和天然 HA 的元素组成，从文献中收集生物质（燃烧前的植物）、在 450℃ 条件下制备的生物炭、生物炭中的 HA 组分、富含火成碳的土壤（黑土）、火成碳质量分数低的土壤（非黑土）及植被凋落物的 H/C 和 O/C 原子个数比值，绘制范氏图（van Krevelen 图）如图 5.2 所示。图 5.2 中 H/C 和 O/C 原子个数比的变化显示，经稀 HNO_3 氧化和 NaOH 提取后，生物炭样品发生了整

表 5.3　生物炭、土壤、火成和天然有机组分的整体和表面元素组成

样品	质量分数¹/%				C/N	O/C	H/C	整体(O+N)/C	灰分质量分数/%	质量分数²/%				表面(O+N)/C
	C	O	N	H						C	O	N	Si	
MA	74.4	11.8	1.0	3.8	85.9	0.12	0.61	0.13	9.1	73.7	16.0	2.1	8.3	0.31
SW	33.7	10.2	2.6	2.6	15.3	0.23	0.91	0.29	50.9	48.5	25.7	4.6	12.3	0.33
MA-AO	54.6	18.3	3.4	2.9	18.5	0.25	0.64	0.31	20.8	41.3	51.9	4.6	2.2	0.40
SW-AO	48.7	16.3	6.3	2.8	9.0	0.25	0.68	0.36	25.9	42.8	51.1	0.0	2.0	0.43
MA-HA	53.6	31.5	3.5	3.1	17.8	0.44	0.69	0.50	8.2	64.7	28.5	4.0	1.2	0.41
SW-HA	51.9	30.0	6.6	3.3	9.1	0.43	0.76	0.54	8.2	73.2	25.7	0.0	1.1	0.39
MA-HM	52.1	29.0	3.0	3.2	20.2	0.42	0.74	0.47	12.7	65.6	26.0	3.5	0.8	0.16
SW-HM	4.7	1.4	0.4	0.3	13.0	0.22	0.90	0.30	93.2	10.1	45.8	0.0	30.0	0.23
GR	3.6	nd[a]	0.4	0.8	11.1	nd	2.53	nd	nd	nd	nd	nd	nd	nd
GR-HM	5.5	16.1[b]	0.5	0.8[b]	13.2	2.19[b]	1.70[b]	2.27[b]	77.1	69.9	28.2	1.9	0.0	0.45
GR-HA	16.5	17.6	1.7	3.0	11.5	0.80	2.17	0.88	61.2	75.7	22.5	1.8	0.0	0.40
AG	1.4	nd	0.1	0.5	12.1	nd	4.40	nd	nd	nd	nd	nd	nd	nd
AG-HM	1.1	2.7[b]	0.0	0.2[b]	85.5	1.86[b]	2.02[b]	1.87[b]	96.1	18.4	17.6	0.0	0.0	0.24
AG-HA	49.0	29.7	4.2	5.7	13.5	0.46	1.39	0.53	11.4	19.5	42.0	2.0	24.3	0.58

注: 1 为整体元素组成分析; 2 为 XPS 检测所得的表面元素组成分析; a 为未检测; b 为 GR-HM 和 AG-HM 表现出异常高的 O/C 和(O+N)/C 原子个数比值, 说明 GR-HM 和 AG-HM 的 O 和 H 的测量可能不正确, 这两个样品的 C 质量分数过低, 因此, O 和 H 的测量可能受到矿物结合水的影响。

体氧化、脱氢反应。在范氏图中生物炭 HA 的区域在黑土 HA 附近。相反，非黑土 HA 的位置集中在类黑精/木质素区域附近（图 5.2）。此外，生物炭 HA 和黑土 HA 的 H/C 原子个数比都低于非黑土 HA 样品的值，这表明前两者具有更高的芳香性和更高的缩合度。

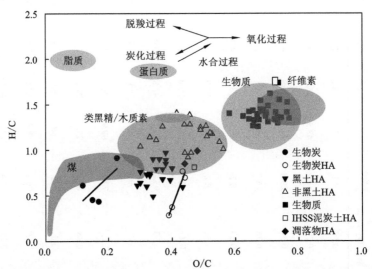

图 5.2　生物质、450℃下制备的生物炭、生物炭 HA、黑土和非黑土 HA、植被凋落物 HA 及植物成分（IHSS 泥炭土 HA 作为参考）的 H/C 和 O/C 原子个数比

IHSS: International Humic Substance Society，国际腐殖酸协会；样品的 H/C 和 O/C 数据引自文献 Shindo 等（2016）、Novotny 等（2007）、de Melo Benites 等（2005）、Kang 等（2005）、Trompowsky 等（2005）；

扫封底二维码见彩图

　　XPS 结果显示，这些有机质组分的表面元素组成与整体元素组成（表 5.3 和图 5.1）相比呈现相似但更明显的变化趋势。例如，氧化后生物炭中的总 O 质量分数从 10.2%～11.8%略微增加到 16.3%～18.3%，而表面 O 质量分数从 16.0%～25.7%显著增加到 51.1%～51.9%（表 5.3）。XPS C1s 光谱清楚地表明 O 质量分数的增加是因为形成了含 O 官能团，主要是羧基（表 5.4）。与总 OC 不同，表面 C 质量分数在酸氧化后降低（图 5.1）。这些结果表明，生物炭颗粒的外表面遭受了比内部更强烈的氧化作用。另外，火成 HA 和天然 HA 具有相似的表面极性 [图 5.1（f）]。然而，与天然 HA 相比，火成 HA 含有更多的表面 COO（H）基团，这或许是黑土的阳离子交换量（cation exchange capacity，CEC）值高于非黑土的原因（Novotny et al.，2007）。

表 5.4　原始和氧化后生物炭及火成和天然有机质组分的 XPS 光谱结果

样品	C—C 相对比例 /%	C—O 相对比例 /%	C=O 相对比例 /%	COO 相对比例 /%	表面极性 C[a]/%	O/C 估算值[b]	N/C 计算值[c]	表面(O+N)/C 估算值[d]
MA	71.66	14.75	12.58	1.01	28.34	0.29	0.012	0.31
SW	75.76	21.13	0.60	2.51	24.24	0.27	0.065	0.33
MA-AO	73.85	5.51	12.49	8.15	26.15	0.34	0.054	0.40
SW-AO	73.53	5.91	14.78	5.77	26.46	0.32	0.111	0.43
MA-HA	72.24	10.73	8.96	8.07	27.76	0.36	0.056	0.41
SW-HA	78.45	11.05	3.66	6.84	21.55	0.28	0.110	0.39
MA-HM	91.34	3.59	2.73	2.33	8.65	0.11	0.050	0.16
SW-HM	88.91	2.37	4.95	3.77	11.09	0.15	0.077	0.23
GR-HM	66.16	19.50	11.02	3.32	33.84	0.37	0.076	0.45
GR-HA	74.28	15.42	5.18	5.12	25.72	0.31	0.087	0.40
AG-HM	30.65	8 .25	7.05	3.54	18.84	0.22	0.012	0.24
AG-HA	52.63	21.31	22.67	3.40	47.38	0.51	0.074	0.58

注：a 为表面极性 C=(C—O)+(C=O)+(COO)。b 为 O/C=(C—O)+(C=O)+(COO)×2，在 XPS 分析中，表面 O 质量分数受 SiO_2 质量分数的影响，因为表面 O 质量分数包含了 SiO_2 衍生的 O 质量分数，因此，根据表面官能团的 XPS 数据估算了 O/C 原子个数比值。c 为根据表 5.3 中表面 N 和 C 质量分数计算 N/C 原子个数比值。d 为表面(O+N)/C 原子个数比值估算值=表面 O/C 原子个数比值估算值+表面 N/C 原子个数比值计算值。

5.2.2　官能团组成

^{13}C-NMR 结果显示，在 HNO_3 处理后，生物炭的化学组成发生了明显的改变，例如极性官能团相对比例增加、形成了大量的羧基等（表 5.5 和图 5.3），这与元素分析和 XPS 结果一致。PyOM 组分的极性 C 相对比例范围为 21.0%～26.1%，低于 NOM 组分的结果（35.9%～43.5%）（表 5.5）。MA-AO 和 SW-AO 的芳香性略高于相应的原始生物炭样品（表 5.5）。这可能是因为在氧化过程中脂肪官能团优先被氧化分解（Cody et al.，2005）。另外，为了更清晰地对比不同来源 HA 组成的差异，将天然 HA、火成 HA 及从亚马孙黑土土壤中提取的 HA 的 ^{13}C-NMR 谱图（Araujo et al.，2014）绘制在图 5.4 中。与预期一致，从 MA 和 SW 中提取的 HA 与来自亚马孙黑土的 HA 的 ^{13}C-NMR 图谱相似，证实了 PyOM 可能是土壤中 HA 的部分来源。另外，火成 HA 主要由芳香 C 和羧基 C 组成，而天然 HA 还含有大量的脂肪碳信号（0～93 ppm）（图 5.4）。此外，火成 HA 的芳香度大约是天然 HA 的两倍（表 5.5）。

表 5.5 原始和氧化后生物炭及火成和天然有机质组分的 ^{13}C-NMR 官能团

样品	烷基/% 0~45 ppm	甲氧基/% 45~63 ppm	碳水化合物/% 63~93 ppm	芳香基/% 93~148 ppm	含氧芳基/% 148~165 ppm	羧基/% 165~190 ppm	羰基/% 190~220 ppm	芳香度 [a]/%	极性 C 总量 [b]/%
MA	8.9	2.4	1.0	76.0	9.7	1.9	0.1	87.4	15.1
SW	10.9	1.0	0.8	75.2	7.6	2.6	2.0	86.7	14.0
MA-AO	2.3	2.0	2.2	76.7	9.5	6.6	0.7	93.0	21.0
SW-AO	4.4	0.1	0.7	71.1	11.4	9.0	3.3	94.1	24.5
MA-HA	3.1	0.2	0.2	70.9	11.0	10.4	4.1	96.0	25.9
SW-HA	1.3	1.0	1.3	74.9	11.0	8.6	1.8	96.0	23.7
MA-HM	2.2	0.1	1.1	74.8	8.9	9.4	3.6	96.1	23.1
SW-HM	6.6	3.5	2.0	67.3	11.0	6.9	2.6	86.6	26.0
GR-HM	48.5	8.3	9.7	15.5	2.9	14.1	1.0	21.7	36.0
GR-HA	21.1	7.2	6.8	35.4	8.2	16.9	4.4	55.4	43.5
AG-HA	33.9	8.5	10.2	22.7	5.4	14.2	5.1	34.8	43.4

注: a 为芳香度＝100×芳香 C（93~165 ppm）/[芳香 C（93~165 ppm）+脂肪 C（0~93 ppm）]; b 为极性碳区域（45~93 ppm 和 148~220 ppm）。

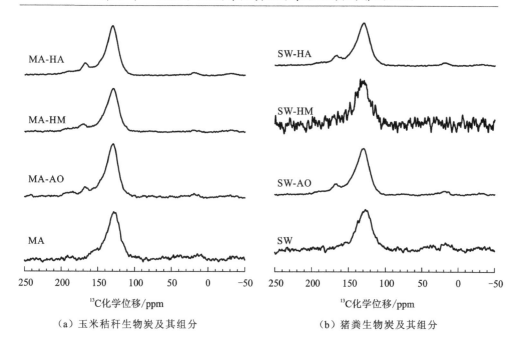

（a）玉米秸秆生物炭及其组分　　　　　　（b）猪粪生物炭及其组分

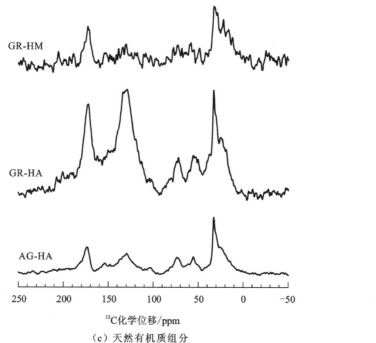

（c）天然有机质组分

图 5.3　生物炭、生物炭有机质组分和土壤有机质组分的 ^{13}C-NMR 谱

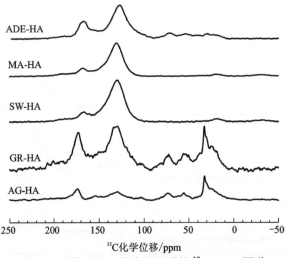

图 5.4 生物炭和土壤中胡敏酸的 ^{13}C-NMR 图谱

ADE 为亚马孙黑土（Amazonian dark earth），ADE-HA 的 ^{13}C-NMR 光谱引自 Araujo 等（2014）

5.2.3 微孔结构

NOM 和 PyOM 组分的气体吸附等温线和 DFT 孔径分布如图 5.5 和图 5.6 所示。有研究报道有机物的微孔体积与 OC 质量分数呈正相关（Han et al.，2014；Jin et al.，2014），这与本研究结果一致（图 5.7）。因此，与新鲜生物炭相比，由于酸氧化后 OC 的损失，MA-AO 的微孔体积下降，而 SW-AO 的微孔体积随着 OC 质量分数的升高而增加（表 5.3 和表 5.6）。HNO$_3$ 处理后生物炭的 N$_2$-SA 值均下降（表 5.6）。N$_2$ 可以探测矿物的外表面（Ran et al.，2013），而 HNO$_3$ 处理去除了 SW 中的一些矿物成分，因此 SW-AO 的 N$_2$-SA 明显低于 SW 的 N$_2$-SA。MA-HA 和 SW-HA 的微孔体积分别为 0.020 cm^3/g 和 0.025 cm^3/g，远低于原始生物炭（MA 为 0.111 cm^3/g，SW 为 0.046 cm^3/g）。尽管生物炭含有丰富的孔结构，但是其火成 HA 的微孔体积却略低于天然 HA 的微孔体积（表 5.6）（Xiao et al.，2015；Han et al.，2014）。此外，天然 HA 比火成 HA 的 N$_2$-SA 高 1～2 个百分点（表 5.6），这可能是由天然 HA 的高灰分质量分数引起的。为了验证这一点，将 GR-HA 在 750 ℃下燃烧 4 h 后获得灰分，测得其 N$_2$-SA 高达 132.6 m^2/g。GR-HA 灰分的高 N$_2$-SA 值意味着灰分对 GR-HA 的 N$_2$-SA 有很大贡献。先前的研究还发现有机吸附剂的 N$_2$-SA 随着灰分质量分数的增加而增加（Ran et al.，2013）。

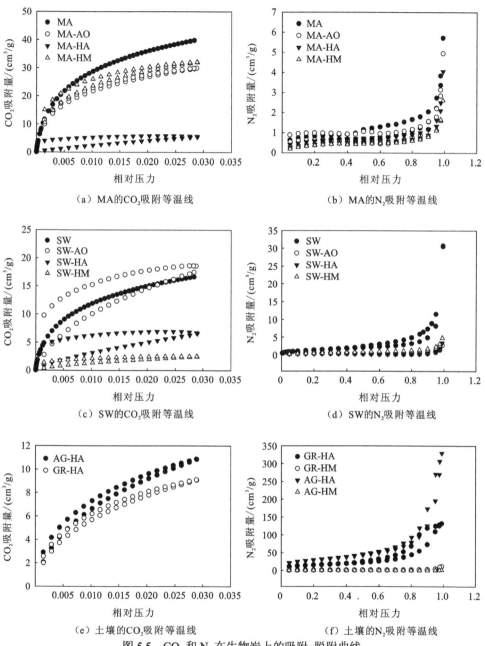

（a）MA的CO_2吸附等温线　　　　　　（b）MA的N_2吸附等温线

（c）SW的CO_2吸附等温线　　　　　　（d）SW的N_2吸附等温线

（e）土壤的CO_2吸附等温线　　　　　　（f）土壤的N_2吸附等温线

图 5.5　CO_2 和 N_2 在生物炭上的吸附-脱附曲线

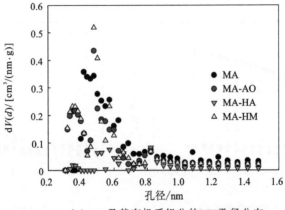

（a）MA及其有机质组分的DFT孔径分布

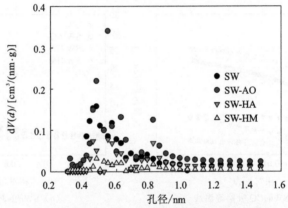

（b）SW及其有机质组分的DFT孔径分布

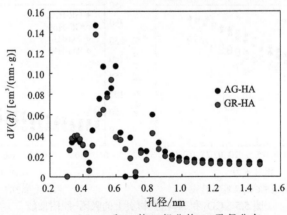

（c）GR和AG的HA组分的DFT孔径分布

图 5.6　NOM 和 PyOM 组分的 DFT 孔径分布

扫封底二维码见彩图

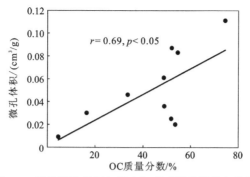

图 5.7　样品微孔体积与其有机碳质量分数的相关性

表 5.6　原始生物炭、氧化生物炭、火成有机质和
天然有机质组分对 N_2 和 CO_2 的吸附结果

样品	N_2-SA[a]/(m²/g)	CO_2-SA[b]/(m²/g)	孔径 [b]/nm	微孔体积 [b]/(cm³/g)
MA	2.0	388.3	0.418	0.111
SW	5.0	162.0	0.479	0.046
MA-AO	1.8	311.1	0.5	0.083
SW-AO	1.2	188.7	0.5	0.061
MA-HA	1.5	57.4	0.822	0.020
SW-HA	1.2	70.7	0.548	0.025
MA-HM	1.4	331.2	0.479	0.087
SW-HM	1.8	26.5	0.479	0.009
GR-HM	2.5	nd[c]	nd	nd
GR-HA	52.9	96.8	0.479	0.030
AG-HM	0.5	nd	nd	nd
AG-HA	101.9	115.6	0.479	0.036

注：a 为采用 Brunauer-Emmett-Teller（BET）模型计算 N_2 探得的比表面积（N_2-SA）；b 为采用 DFT 计算 CO_2 探得的比表面积（CO_2-SA）、孔径和微孔体积；c 为未检测。

5.3　天然和火成有机质组分对菲的吸附特性

5.3.1　酸氧化作用对生物炭吸附菲的影响

原始生物炭对菲的吸附等温线呈高度非线性（表5.7和图5.8）。酸处理导致 n 值增加（表5.7），这意味着 HNO_3 氧化使生物炭的致密结构变得松散。酸处理对生物炭的 $\log K_d$ 和 $\log K_{oc}$ 值产生的影响不同（图5.9）。为了对 HNO_3 氧化前后的 $\log K_d$ 和 $\log K_{oc}$ 值进行统计学对比，选取三个浓度点，即 $C_e=0.01S_w$、$0.1S_w$ 和 $1S_w$，根据拟合所得的吸附等温线模型计算对应的 $\log K_d$ 和 $\log K_{oc}$ 值（表5.7）。结果表明，HNO_3 氧化对 SW 吸附菲的影响在统计学上并不显著（$\log K_d$ 配对样本 t 检验 $p=0.08$，$\log K_{oc}$ 的 $p=0.79$）。Jones 等（2011）还发现，由硬木制得的新鲜生物炭和相应的老化后生物炭对西玛津的吸附能力相当。而与新鲜 MA 相比，MA-AO 对菲的吸附量显著升高（配对样本 t 检验 $\log K_d$ 的 $p<0.05$，$\log K_{oc}$ 的 $p<0.01$）。

表 5.7　原始和氧化后生物炭及天然和火成有机质组分对菲的
Freundlich 吸附等温线拟合参数和浓度相关的吸附分配系数

样品	K_F	n	N^a	R^2	$\log K_d$/(mL/g)			$\log K_{oc}{}^b$/(mL/g)		
					$C_e=0.01S_w$	$C_e=0.1S_w$	$C_e=1S_w$	$C_e=0.01S_w$	$C_e=0.1S_w$	$C_e=1S_w$
MA	424.07	0.43	20	0.99	5.03	4.46	3.89	5.16	4.59	4.02
SW	314.39	0.49	20	0.98	4.97	4.46	3.96	5.44	4.93	4.43
MA-AO	735.59	0.53	20	0.98	5.37	4.89	4.42	5.63	5.16	4.68
SW-AO	313.28	0.57	20	0.99	5.04	4.61	4.18	5.35	4.92	4.49
MA-HA	229.04	0.64	20	0.99	4.98	4.63	4.27	5.25	4.90	4.54
SW-HA	807.28	0.45	18	0.97	5.33	4.78	4.22	5.61	5.06	4.51
MA-HM	966.44	0.49	19	0.99	5.45	4.93	4.42	5.73	5.21	4.70
SW-HM	52.10	0.55	18	0.96	4.25	3.80	3.36	5.58	5.13	4.69
GR-HM	7.09	0.74	20	1.00	3.58	3.32	3.07	4.84	4.58	4.33
GR-HA	3.52	0.89	20	1.00	3.44	3.33	3.22	4.22	4.11	4.01
AG-HM	7.04	0.58	18	0.98	3.41	2.98	2.56	5.38	4.95	4.53
AG-HA	9.04	0.70	19	0.98	3.64	3.34	3.04	3.95	3.65	3.35

注：a 为数据数量；b 中 K_{oc} 为有机碳（OC）归一化的吸附分配系数（K_d）。

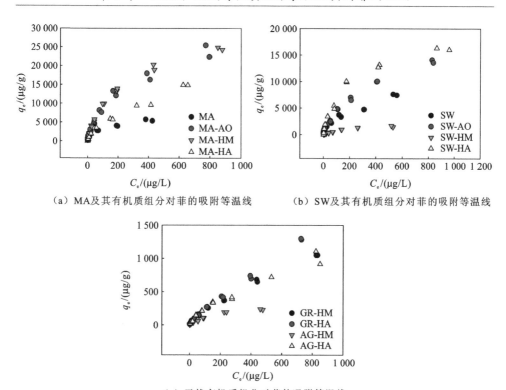

（a）MA及其有机质组分对菲的吸附等温线

（b）SW及其有机质组分对菲的吸附等温线

（c）天然有机质组分对菲的吸附等温线

图 5.8   天然和火成有机质组分对菲的吸附等温线

扫封底二维码见彩图

通过 XPS 和 ^{13}C-NMR 测试观察到酸处理会导致生物炭表面含 O 官能团增加，形成了大量新的羧基（表 5.4 和表 5.5）。生物炭中的亲水位点可以通过氢键吸附水分子，使吸附剂表面被水膜包覆。这一方面会减少 HOCs 的吸附位点，另一方面又会降低生物炭表面与 HOCs 的亲和力，减弱 HOCs 分子的吸附。显然，这种表面疏水机理不能解释氧化后生物炭对菲的吸附行为。生物炭氧化后对菲的吸附没有显著改变，这个现象可归因于芳香度的提高（表 5.5）。芳香度提高后，菲分子与氧化后生物炭内的芳香域之间可形成更强的 π-π 电子供体-受体（EDA）相互作用。生物炭的芳香官能团在菲吸附中起着重要作用，这点已在以前的研究中得到证实（Han et al.，2014；Jin et al.，2014）。此外，与新鲜生物炭相比，由于 HNO$_3$ 氧化引入的羧基可以吸引芳环上的电子，氧化后生物炭芳香区域可能缺电子，从而具有更高的 π 电子受体能力。这将有助于氧化生物炭与菲分子之间强烈的 EDA 相互作用。

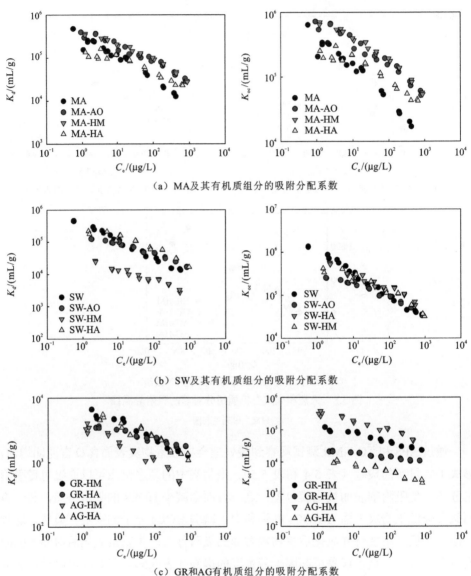

（a）MA及其有机质组分的吸附分配系数

（b）SW及其有机质组分的吸附分配系数

（c）GR和AG有机质组分的吸附分配系数

图 5.9　天然和火成有机质组分的吸附分配系数（K_d 和 K_{oc}）

扫封底二维码见彩图

　　此外，研究表明孔隙填充机制主导着生物炭对菲的吸附（Xiao et al.，2015；Han et al.，2014），因此通过 PD 模型和 DR 模型考察微孔填充在菲吸附中的作用。使用 PD 模型和 DR 模型拟合的吸附等温线如图 5.10 所示。拟合结果（表 5.8 和表 5.9）显示 PD 模型比 DR 模型拟合的 R^2 值更高，拟合效果更好。因此，后续的讨论中使用来自 PD 模型拟合的菲吸附参数。MA 和 SW 的吸附体积容量（$\log Q_0$）

分别为约 0.74 cm³/kg 和 0.91 cm³/kg（表 5.8），两者在氧化后均升高。此外，所研究的 PyOM（MA、MA-HA 和 SW-HA 除外）的微孔体积与菲的 Q_0 值呈正相关关系（图 5.11），表明孔隙填充机制也有助于这些 PyOM 组分对菲的吸附。

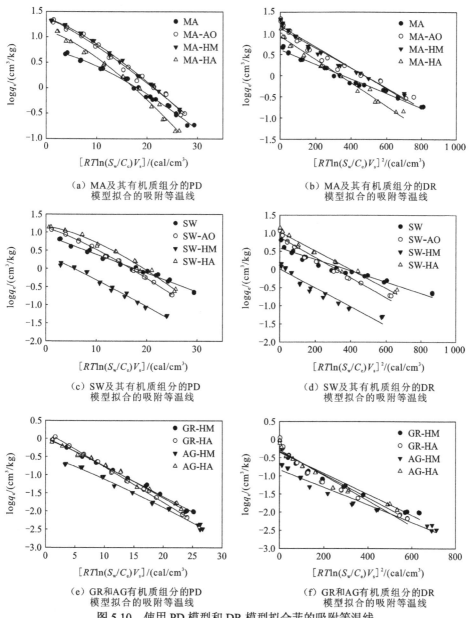

（a）MA 及其有机质组分的 PD 模型拟合的吸附等温线

（b）MA 及其有机质组分的 DR 模型拟合的吸附等温线

（c）SW 及其有机质组分的 PD 模型拟合的吸附等温线

（d）SW 及其有机质组分的 DR 模型拟合的吸附等温线

（e）GR 和 AG 有机质组分的 PD 模型拟合的吸附等温线

（f）GR 和 AG 有机质组分的 DR 模型拟合的吸附等温线

图 5.10　使用 PD 模型和 DR 模型拟合菲的吸附等温线

扫封底二维码见彩图

表 5.8　PD 模型拟合菲吸附数据的参数

样品	$\log Q_0/(cm^3/kg)$	N^a	R^2	$Q_0/(cm^3/kg)$	a	b
MA	0.74 ± 0.04^b	20	0.991	5.48	-0.011 ± 0.004	1.464 ± 0.105
SW	0.91 ± 0.06	20	0.988	8.12	-0.052 ± 0.018	0.999 ± 0.095
MA-AO	1.36 ± 0.05	20	0.990	22.91	-0.034 ± 0.010	1.210 ± 0.085
SW-AO	1.11 ± 0.02	20	0.998	12.85	-0.033 ± 0.005	1.244 ± 0.042
MA-HA	1.10 ± 0.05	20	0.990	12.67	-0.020 ± 0.008	1.396 ± 0.111
SW-HA	1.15 ± 0.04	18	0.990	14.14	-0.014 ± 0.005	1.477 ± 0.101
MA-HM	1.35 ± 0.02	19	0.998	22.53	-0.023 ± 0.003	1.325 ± 0.037
SW-HM	0.35 ± 0.08	18	0.986	2.25	-0.055 ± 0.022	1.082 ± 0.117
GR-HM	0.02 ± 0.03	20	0.997	1.04	-0.069 ± 0.011	1.052 ± 0.045
GR-HA	0.19 ± 0.03	20	0.999	1.53	-0.093 ± 0.009	1.014 ± 0.027
AG-HM	-0.49 ± 0.06	18	0.994	0.32	-0.042 ± 0.013	1.173 ± 0.086
AG-HA	-0.02 ± 0.05	19	0.991	0.95	-0.053 ± 0.014	1.137 ± 0.077

注: a 为数据数量; b 为平均值±标准差; Q_0 为 PD 模型拟合的饱和吸附容量。

表 5.9　DR 模型拟合菲吸附数据的参数

样品	$\log Q'_0/(cm^3/kg)$	N^a	R^2	$Q'_0/(cm^3/kg)$	D
MA	0.61 ± 0.02^b	20	0.983	4.05	$0.001\,7 \pm 0.000\,1$
SW	0.59 ± 0.04	20	0.934	3.89	$0.001\,6 \pm 0.000\,1$
MA-AO	1.12 ± 0.04	20	0.955	13.07	$0.002\,4 \pm 0.000\,1$
SW-AO	0.88 ± 0.04	20	0.967	7.66	$0.002\,8 \pm 0.000\,1$
MA-HA	0.93 ± 0.04	20	0.976	8.47	$0.002\,8 \pm 0.000\,1$
SW-HA	1.03 ± 0.03	18	0.974	10.71	$0.002\,6 \pm 0.000\,1$
MA-HM	1.17 ± 0.03	19	0.971	14.78	$0.002\,5 \pm 0.000\,1$
SW-HM	0.01 ± 0.05	18	0.940	1.03	$0.002\,6 \pm 0.000\,2$
GR-HM	-0.35 ± 0.05	20	0.946	0.45	$0.002\,9 \pm 0.000\,2$
GR-HA	-0.29 ± 0.06	20	0.946	0.51	$0.003\,5 \pm 0.000\,2$
AG-HM	-0.83 ± 0.04	18	0.964	0.15	$0.002\,4 \pm 0.000\,1$
AG-HA	-0.32 ± 0.05	19	0.948	0.47	$0.003\,2 \pm 0.000\,2$

注: a 为数据数量; b 为平均值±标准差; Q'_0 为 DR 模型拟合得到的饱和吸附容量; D 为吸附能相关的常数。

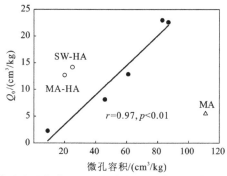

图 5.11　PD 模型估计的菲吸附量与生物炭和火成组分微孔体积的相关性

5.3.2　火成胡敏酸和胡敏素对菲的吸附

火成 HA 和 HM 组分的非线性系数(n)在 0.45～0.64（表 5.7）。MA-HA 和 MA-HM 的 K_{oc} 值明显高于新鲜生物炭（图 5.9）。这可能是由芳香性官能团相对比例在氧化、提取等处理后增加导致的（表 5.5）。相比之下，SW-HA 和 SW-HM 的 K_{oc} 值与 SW 相当。这些结果表明生物炭的原材料将影响其 PyOM 组分的吸附性质。另外，如图 5.11 所示，孔隙填充机制也可能有助于火成 HM 组分对菲的吸附。MA-HM 对菲的吸附分配系数（K_d 和 K_{oc}）高于 SW-HM（表 5.7），这可能是由 MA-HM 具有较大微孔体积导致的（表 5.6）。对于火成 HA 组分，其吸附菲的 Q_0 值与微孔体积之间不具有正相关关系（图 5.11）。此外，虽然它们的微孔体积比新鲜生物炭（表 5.6）低得多，但与新鲜生物炭相比，它们仍表现出更高的（MA-HA）或相当的（SW-HA）K_{oc} 值（表 5.7）。因此，孔填充机制不大可能主导火成 HA 组分对菲的吸附。

本研究中，氧化后生物炭及从中提取的类 HA 和 HM 组分对菲仍表现出优异的吸附能力，这意味着生物炭对菲的高吸附能力能在环境中长久保持。这个结果进一步增加了生物炭在污染场地修复中的应用潜力。值得注意的是，在自然环境中，生物炭的表面容易被微生物产生的有机物质（Cheng et al.，2008）或天然 HS（Teixidó et al.，2013）覆盖，这可能会削弱生物炭的吸附能力，这无法通过本研究的 HNO$_3$ 氧化来模拟。Cheng 等（2009）发现，生物炭在土壤中老化后，对水合二氢奎宁的吸附能力从 9.61 mg/g 显著降低至 4.28 mg/g。

5.3.3　天然和火成有机质组分对菲吸附行为的对比

NOM 组分的非线性系数（n）在 0.58～0.89。与 PyOM 组分相比，天然 HA 和 HM 组分显示出更高的 n 值（表 5.7），这是由它们不同的芳族 C 相对比例导致的。

菲可以通过 π-π 相互作用吸附到芳香族域上，这个过程会产生非线性吸附（Han et al.，2014；Chefetz et al.，2009）。本研究还发现，所有天然和火成 HA 和 HM 组分吸附菲的 n 值与芳香 C 相对比例呈负相关[图 5.12（a）]。因此，可以得出结论，NOM 和 PyOM 组分对菲的非线性吸附是由其所含的芳香族 C 产生的。

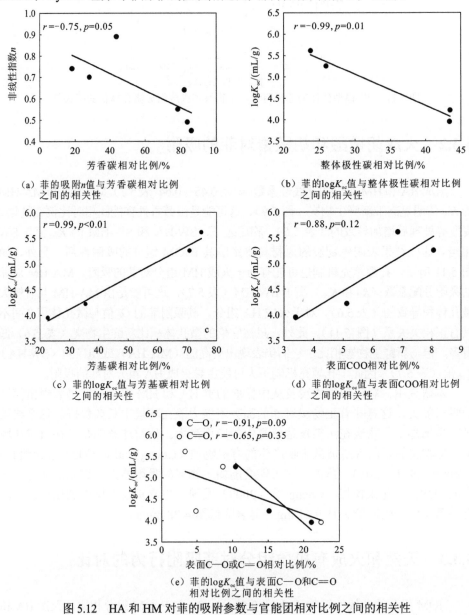

（a）菲的吸附n值与芳香碳相对比例
之间的相关性

（b）菲的$\log K_{oc}$值与整体极性碳相对比例
之间的相关性

（c）菲的$\log K_{oc}$值与芳基碳相对比例
之间的相关性

（d）菲的$\log K_{oc}$值与表面COO相对比例
之间的相关性

（e）菲的$\log K_{oc}$值与表面C—O和C=O
相对比例之间的相关性

图 5.12　HA 和 HM 对菲的吸附参数与官能团相对比例之间的相关性

$$C_e = 0.01 S_w$$

　　值得注意的是，火成 HA 的吸附分配系数（K_d 和 K_{oc}）比天然 HA 的值高一个数量级（表 5.7）。火成 HM 组分对菲的 K_d 和 K_{oc} 值也远高于天然 HM（表 5.7）。如图 5.12 所示，HA 对菲的 $\log K_{oc}$ 值与整体极性碳相对比例呈负相关，并与芳香碳相对比例呈正相关，这意味着菲与芳香族部分之间的疏水分配和 π-πEDA 相互作用有助于 HA 对菲的吸附，这与之前的研究结果（Jin et al.，2015；Han et al.，2014）一致。此外，HA 组分对菲的 $\log K_{oc}$ 值与 HA 组分的表面 C—O 和 C＝O 相对比例呈负相关，但与表面 COO 相对比例呈正相关（图 5.12）。如上所述，芳香族区域边缘上羧基的形成可能通过增强的 π-π EDA 相互作用导致对菲吸附量的增加。除 COO 外，C＝O 也可以吸引苯环中的电子。然而，COO 和 C＝O 的官能团对菲吸附起着相反的作用。产生这一现象的原因尚不清楚，需要进一步研究。对于 HM 样品，菲的 $\log K_{oc}$ 值与烷基 C 相对比例、碳水化合物 C 相对比例、总体和表面极性 C 质量分数以及估算的表面极性呈负相关，并且与芳基 C 相对比例呈正相关（图 5.13）。因此，天然和火成 HM 对菲的吸附也可以通过疏水机理和π-πEDA 相互作用来解释。综上所述，与 NOM 相比，PyOM 由于其极性 C 相对比例低和芳基 C 相对比例高而表现出优异的吸附能力。

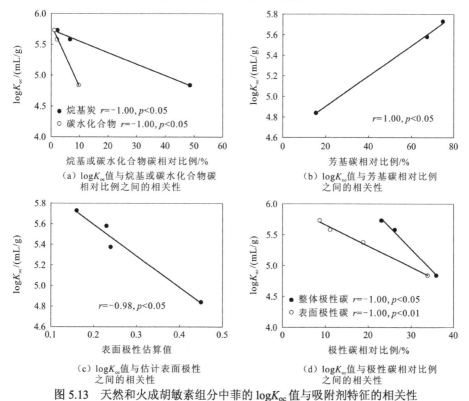

（a）$\log K_{oc}$ 值与烷基或碳水化合物碳
相对比例之间的相关性

（b）$\log K_{oc}$ 值与芳基碳相对比例
之间的相关性

（c）$\log K_{oc}$ 值与估计表面极性
之间的相关性

（d）$\log K_{oc}$ 值与极性碳相对比例
之间的相关性

图 5.13　天然和火成胡敏素组分中菲的 $\log K_{oc}$ 值与吸附剂特征的相关性

$C_e = 0.01 S_w$

参 考 文 献

Allen-King R M, Grathwohl P, Ball W P, 2002. New modeling paradigms for the sorption of hydrophobic organic chemicals to heterogeneous carbonaceous matter in soils, sediments, and rocks. Advances in Water Resources, 25(8-12): 985-1016.

Araujo J R, Archanjo B S, De Souza K R, et al., 2014. Selective extraction of humic acids from an anthropogenic Amazonian dark earth and from a chemically oxidized charcoal. Biology and Fertility of Soils, 50(8): 1223-1232.

Chan K Y, Van Zwieten L, Meszaros I, et al., 2007. Agronomic values of greenwaste biochar as a soil amendment. Soil Research, 45(8): 629-634.

Chefetz B, Xing B, 2009. Relative role of aliphatic and aromatic moieties as sorption domains for organic compounds: A review. Environmental Science & Technology, 43(6): 1680-1688.

Chen B, Yuan M, 2011. Enhanced sorption of polycyclic aromatic hydrocarbons by soil amended with biochar. Journal of Soils and Sediments, 11(1): 62-71.

Cheng C H, Lehmann J, 2009. Ageing of black carbon along a temperature gradient. Chemosphere, 75(8): 1021-1027.

Cheng C H, Lehmann J, Engelhard M H, 2008. Natural oxidation of black carbon in soils: Changes in molecular form and surface charge along a climosequence. Geochimica et Cosmochimica Acta, 72(6): 1598-1610.

Cody G D, Alexander C M O D, 2005. NMR studies of chemical structural variation of insoluble organic matter from different carbonaceous chondrite groups. Geochimica et Cosmochimica Acta, 69(4): 1085-1097.

Cornelissen G, Gustafsson Ö, Bucheli T D, et al., 2005. Extensive sorption of organic compounds to black carbon, coal, and kerogen in sediments and soils: Mechanisms and consequences for distribution, bioaccumulation, and biodegradation. Environmental Science & Technology, 39(18): 6881-6895.

De Melo Benites V, de Sá Mendonça E, Schaefer C E G R, et al., 2005. Properties of black soil humic acids from high altitude rocky complexes in Brazil. Geoderma, 127(1-2): 104-113.

Hale S E, Hanley K, Lehmann J, et al., 2011. Effects of chemical, biological, and physical aging as well as soil addition on the sorption of pyrene to activated carbon and biochar. Environmental Science & Technology, 45(24): 10445-10453.

Han L, Sun K, Jin J, et al., 2014. Role of structure and microporosity in phenanthrene sorption by natural and engineered organic matter. Environmental Science & Technology, 48(19): 11227-11234.

Haumaier L, Zech W, 1995. Black carbon: Possible source of highly aromatic components of soil humic acids. Organic Geochemistry, 23(3): 191-196.

Hiemstra T, Mia S, Duhaut P B, et al., 2013. Natural and pyrogenic humic acids at goethite and natural oxide surfaces interacting with phosphate. Environmental Science & Technology, 47(16): 9182-9189.

Hockaday W C, Grannas A M, Kim S, et al., 2007. The transformation and mobility of charcoal in a fire-impacted watershed. Geochimica et Cosmochimica Acta, 71(14): 3432-3445.

Jin J, Sun K, Wang Z, et al., 2015. Characterization and phthalate esters sorption of organic matter fractions isolated from soils and sediments. Environmental Pollution, 206: 24-31.

Jin J, Sun K, Wu F, et al., 2014. Single-solute and bi-solute sorption of phenanthrene and dibutyl phthalate by plant-and manure-derived biochars. Science of the Total Environment, 473: 308-316.

Jones D L, Edwards-Jones G, Murphy D V, 2011. Biochar mediated alterations in herbicide breakdown and leaching in soil. Soil Biology and Biochemistry, 43(4): 804-813.

Jones D L, Rousk J, Edwards-Jones G, et al., 2012. Biochar-mediated changes in soil quality and plant growth in a three year field trial. Soil Biology and Biochemistry, 45: 113-124.

Kang S, Xing B, 2005. Phenanthrene sorption to sequentially extracted soil humic acids and humins. Environmental Science & Technology, 39(1): 134-140.

Kasozi G N, Zimmerman A R, Nkedi-Kizza P, et al., 2010. Catechol and humic acid sorption onto a range of laboratory-produced black carbons (biochars). Environmental Science & Technology, 44(16): 6189-6195.

Lehmann J, 2007. A handful of carbon. Nature, 447(7141): 143-144.

Luthy R G, Aiken G R, Brusseau M L, et al., 1997. Sequestration of hydrophobic organic contaminants by geosorbents. Environmental Science & Technology, 31(12): 3341-3347.

Mao J D, Johnson R L, Lehmann J, et al., 2012. Abundant and stable char residues in soils: Implications for soil fertility and carbon sequestration. Environmental Science & Technology, 46(17): 9571-9576.

McGeehin J, Burr G S, Jull A J T, et al., 2001. Stepped-combustion ^{14}C dating of sediment: A comparison with established techniques. Radiocarbon, 43(2A): 255-261.

Miyairi Y, Yoshida K, Miyazaki Y, et al., 2004. Improved ^{14}C dating of a tephra layer (AT tephra,

Japan) using AMS on selected organic fractions. Nuclear Instruments and Methods in Physics Research Section B: Beam Interactions with Materials and Atoms, 223: 555-559.

Novotny E H, deAzevedo E R, Bonagamba T J, et al., 2007. Studies of the compositions of humic acids from Amazonian dark earth soils. Environmental Science & Technology, 41(2): 400-405.

Preston C M, Schmidt M W I, 2006. Black (pyrogenic) carbon: A synthesis of current knowledge and uncertainties with special consideration of boreal regions. Biogeosciences, 3(4): 397-420.

Ran Y, Sun K, Yang Y, et al., 2007. Strong sorption of phenanthrene by condensed organic matter in soils and sediments. Environmental Science & Technology, 41(11): 3952-3958.

Ran Y, Yang Y, Xing B, et al., 2013. Evidence of micropore filling for sorption of nonpolar organic contaminants by condensed organic matter. Journal of Environmental Quality, 42(3): 806-814.

Shindo H, Honma H, 1998. Comparison of humus composition of charred Susuki (Eulalia, Miscanthus sinensis) plants before and after HNO₃ treatment. Soil Science and Plant Nutrition, 44(4): 675-678.

Shindo H, Honna T, Yamamoto S, et al., 2004. Contribution of charred plant fragments to soil organic carbon in Japanese volcanic ash soils containing black humic acids. Organic Geochemistry, 35(3): 235-241.

Shindo H, Nishimura S, 2016. Pyrogenic organic matter in Japanese Andosols: Occurrence, transformation, and function//Guo M, He Z, Uchimiya M. Agricultural and environmental applications of biochar: Advances and barriers. Madison: SSSA Special Publication 63.

Singh B P, Cowie A L, Smernik R J, 2012. Biochar carbon stability in a clayey soil as a function of feedstock and pyrolysis temperature. Environmental Science & Technology, 46(21): 11770-11778.

Steelink C, 2002. Peer reviewed: Investigating humic acids in soils. Analytical Chemistry, 74(11): 326-333.

Sullivan J, Bollinger K, Caprio A, et al., 2011. Enhanced sorption of PAHs in natural-fire-impacted sediments from Oriole Lake, California. Environmental Science & Technology, 45(7): 2626-2633.

Sun K, Jin J, Kang M, et al., 2013. Isolation and characterization of different organic matter fractions from a same soil source and their phenanthrene sorption. Environmental Science & Technology, 47(10): 5138-5145.

Teixidó M, Hurtado C, Pignatello J J, et al., 2013. Predicting contaminant adsorption in black carbon (biochar)-amended soil for the veterinary antimicrobial sulfamethazine. Environmental Science & Technology, 47(12): 6197-6205.

Trompowsky P M, Benites V D M, Madari B E, et al., 2005. Characterization of humic like substances obtained by chemical oxidation of eucalyptus charcoal. Organic Geochemistry, 36(11): 1480-1489.

Xiao F, Pignatello J J, 2015. Interactions of triazine herbicides with biochar: Steric and electronic effects. Water Research, 80: 179-188.

Yang Y, Sheng G, 2003. Pesticide adsorptivity of aged particulate matter arising from crop residue burns. Journal of Agricultural and Food Chemistry, 51(17): 5047-5051.

第6章 土壤和生物炭中胡敏酸组分表征及其对菲的吸附

生物炭在固碳和土壤修复中具有巨大的应用潜力，在过去十多年中受到广泛关注（Schellekens et al.，2017；Keiluweit et al.，2010；Lehmann，2007）。生物炭中溶解性有机质组分决定着生物炭在土壤修复中的应用潜力。施加到土壤后，部分生物炭将受到氧化和水化作用，形成一种类似 HA 的材料（Hiemstra et al.，2013），这里将其命名为生物炭来源胡敏酸（biochar-derived humic acid，BDHA）。BDHA 在土壤中普遍存在（Shindo et al.，2016；Ikeya et al.，2015；Hiemstra et al.，2013；Hayes，2013；Mao et al.，2012；Haumaier et al.，1995）。在日本火山灰土壤中，BDHA 的质量分数可以达到整个土壤 HA 总量的 44%（Shindo et al.，2016）。因此，对 BDHA 的理化性质展开研究，有助于更好地了解生物炭在土壤修复和改良中的应用潜力，能更加准确地预测生物炭添加对 SOM 性质和环境地球化学行为的影响。

在以前关于 BDHA 的研究中，研究者采用国际腐殖酸协会（IHSS）推荐的方法，从富含生物炭的土壤中分离出 HA（Novotny et al.，2007）。使用该程序可以同时提取土壤天然腐殖化形成的胡敏酸（soil-derived humic acid，SDHA）。因此，在这些研究中，SDHA 不可避免地会"污染"BDHA 样品，从而干扰 BDHA 的分析结果和数据解释。已有研究报道指出，"未受污染"的 BDHA 可以使用 HNO_3 等化学试剂从实验室生产的生物炭中分离出来，其中 HNO_3 用于加速生物炭的氧化（Hiemstra et al.，2013；Trompowsky et al.，2005）。由于 BDHA 和 SDHA 的母体材料不同，其结构和组成可能也显著不同。SDHA 的 ^{13}C-NMR 光谱含有丰富的脂肪碳、芳香碳、酚基碳、羧基碳。生物炭（Trompowsky et al.，2005）和亚马孙黑土（Araujo et al.，2014）中分离出来的 BDHA 的光谱则主要含有芳香碳和羧基碳。此外，生物炭的结构致密，孔结构丰富（Lehmann et al.，2015；Zimmerman，2010），从生物炭中提取出的 BDHA 可能也具有致密、多孔的结构。

HOCs 进入土壤后主要吸附在 SOM 上（Xing，2001）。如上所述，生物炭材料在土壤中普遍存在（Preston et al.，2006），而且生物炭在土壤修复和改良中的大规模使用将会向土壤中输入更多的生物炭材料，这势必会影响 SOM 的性质及 HOCs 的环境行为。为了弄清这种影响，需要深入了解 BDOM-HOCs 的相互作用机制。由于 SDHA 和 BDHA 的结构组成不同，它们对 HOCs 的吸附行为和机制也可能存在差异。已有研究证明，SDHA 中的脂肪碳在与 HOCs 相互作用中起着重要作用（Jin et al.，2015；Kang et al.，2005）。但是，关于 BDHA 与 HOCs 的相互作用机制，仍知之甚少。前期研究（详见第 4 章）发现，BDHA 对菲的吸附能力比 SDHA 高一个数量级，但是具体的原因仍不清楚。通过简单的相关分析，Jin 等（2017）认为 BDHA 对 HOCs 的吸附可能受芳香结构的调控，但是缺乏直接的证据。此外，BDHA 的无定形芳香碳结构在 HOCs 吸附中的作用仍然未知。为了探明这种作用，使用"漂白"技术来处理 HA 样品。这种技术曾用于选择性去除有机质中的无定形芳香碳组分（Gunasekara et al.，2003；Chefetz et al.，2002）。如果无定形芳香碳组分在地质吸附剂对 HOCs 的吸附中起主导作用，那么去除无定形芳香碳组分后，地质吸附剂对 HOCs 的吸附能力（K_{oc}）将会降低。如果无定形芳香组分不是 HOCs 的主要吸附位点，那么漂白处理应该增加或者不影响 K_{oc} 值。

　　因此，本章通过元素分析、XPS、SEM、^{13}C-NMR、气体吸附、拉曼光谱等技术对 SDHA 和 BDHA 的物理化学性质进行表征，并考察原始和漂白后的 SDHA 和 BDHA 样品对菲的吸附行为，揭示 SDHA 和 BDHA 结构、组成和吸附特性的差异。

6.1　土壤和生物炭中胡敏酸理化性质和吸附特性分析方法

6.1.1　分离提取

　　^{14}C 标记（纯度>98%）和未标记（纯度>98%）的菲购自 Sigma-Aldrich 公司，并用作吸附质。从新疆地区采集草地表层土壤样品（44°02′27″N，81°50′42″E），从四川采集泥炭土壤样品（33°04′28″N，102°55′42″E），从三江平原采集三个农业土壤样品（44°59′12″N，127°11′56″E；46°58′22″N，132°53′50″E；46°58′28″N，132°53′15″E），分别命名为 S1、S2、S3、S4、S5，并从中提取 SDHA 组分。提

取方法简述如下：将收集的土壤样品用 0.1 mol/L NaOH 溶液提取。提取物用 6 mol/L HCl 酸化至 pH=2，离心得到 HA 组分。为了进一步纯化，将沉淀的 SDHA 级分用去离子水洗涤以除去过量的酸和可溶性 HA。多次清洗 SDHA 样品，并收集洗涤之后的水溶液进行紫外光谱分析，直至洗涤之后的水溶液没有明显的紫外吸收。随后将 SDHA 组分冷冻干燥，轻轻研磨通过 0.25 μm 筛，储存备用。从草地土壤、泥炭土和三种农业土壤中分离出的 SDHA 组分分别命名为 SDHA-S1、SDHA-S2、SDHA-S3、SDHA-S4 和 SDHA-S5。

　　研究中使用的 BDHA 组分是从氧化后生物炭中分离出来的。收集水稻秸秆、小麦秸秆、玉米秸秆及猪、牛和鸡的粪便，风干后放在马弗炉中，在 N$_2$ 和不同裂解温度（300 ℃、450 ℃和 600 ℃）下保持 1 h 制备生物炭，并根据原材料分别命名为 RI（rice）、WH（wheat）、MA（maize）、SW（swine）、CW（cow）和 CH（chicken）。由于生物炭的自然老化过程非常缓慢，所以实验中对生物炭进行 HNO$_3$ 氧化处理，以加速生物炭的老化（具体操作方法见第 3 章）。从氧化的生物炭中提取 BDHA 组分，提取方法与 SDHA 相同。从 450 ℃生物炭中分离出的 BDHA 被用于进一步的表征和吸附实验。提取出的 BDHA 样品根据母体生物炭命名为 BDHA-RI、BDHA-WH、BDHA-MA、BDHA-SW、BDHA -CW 和 BDHA-CH。

　　在研究中还采用了漂白技术，以选择性去除样品中的无定形芳香碳组分（如木质素和多酚结构）（Gunasekara et al., 2003; Chefetz et al., 2002）。漂白处理中，用 10 g 亚氯酸钠，10 mL 乙酸和 100 mL 去离子水处理 1 g HA 样品 7 h，重复 3 次。将漂白处理过的 HA 样品冷冻干燥，研磨后储存备用。经过漂白处理的样品用后缀 BL 进行区分，即 SDHA-S1-BL、SDHA-S2-BL、SDHA-S3-BL、SDHA-S4-BL、SDHA-S5-BL、BDHA-RI-BL、BDHA-WH-BL、BDHA-MA-BL、BDHA-SW-BL 和 BDHA-CW-BL。

6.1.2　表征技术

　　使用元素分析、XPS 光谱仪、拉曼显微分光计、CP-MAS ^{13}C-NMR 和气体吸附（273 K，CO$_2$）来表征样品的组成和结构。用元素分析仪通过完全燃烧法测定土壤来源和生物炭来源的 HA、土壤、生物炭和提取 HA 后生物炭残留物的整体 C、H、N 和 O 元素质量分数。通过在 750 ℃下加热样品 4 h 来测量灰分质量分数。用 XPS 光谱仪检测表面（深度：3～5 nm）元素组成和官能团相对比例，所用 XPS 光谱仪为配备有单色 Al Kα 源（225 W，15 mA 和 15 kV）的电子光谱仪。使用

Avantage 软件分析光谱。对 C1s 精细谱进行分峰处理：284.9 eV 为 C—C 峰，286.5 eV 为 C—O 峰，287.9 eV 为 C=O 峰，289.4 eV 为 COO 峰。在激光共聚焦显微拉曼散射光谱仪上测试样品的拉曼光谱。对 HA 样品表面进行喷金处理后，通过扫描显微镜获得 HA 样品的 SEM 图像。在 NMR 光谱仪上测试 HA 样品、生物炭和提取 HA 后的生物炭残留物的 CP-MAS ^{13}C-NMR 光谱，以获得它们的结构信息。核磁共振运行参数和化学位移分配见第 2 章。此外，还测定了这些样品的比表面积（SA）。对于孔径小于 0.5 nm 的有机材料，使用传统的 N_2 吸附技术会低估材料的 SA 值（Lattao et al.，2014；Ravikovitch et al.，2005；Xing et al.，1997）。在 273 K 条件下，CO_2 可以进入材料的微孔（0～1.4 nm）中，因此可以用来测试样品的微孔（Xing et al.，1997）。为了更好地探测有机物的纳米孔隙度和 SA，本研究使用 Autosorb-1 气体分析仪测量样品的 CO_2 吸附等温线（273 K），测试前样品需在 105 ℃下脱气 8 h。使用 DFT 计算 CO_2 比表面积（CO_2-SA）和微孔体积。

6.1.3　吸附实验和数据分析

HA 样品对菲的吸附等温线使用批平衡技术来实现。将未标记的菲溶于甲醇以制备储备溶液。通过将 ^{14}C 标记和未标记的储备溶液加到含有 0.01 mol/L $CaCl_2$（离子强度调节剂）和 200 mg/L NaN_3（微生物抑制剂）的背景溶液（pH=6.5）中来制备各种浓度（2～1 100 μg/L）菲的测试溶液，控制甲醇体积分数保持在 0.1%（体积比）以下，使共溶剂效应最小化。接下来，将测试溶液加到具有一定量吸附剂的 40 mL 玻璃瓶中。小瓶的顶部空间尽可能小以减少样品挥发。调整固体与溶液的比例以确保达到吸附表观平衡时，菲的去除率达到 20%～80%。然后用特氟龙衬里的螺旋盖盖上小瓶，并在室温（23 ℃±1 ℃）黑暗条件下振荡 10 天，预实验显示 10 天可以使吸附达到表观平衡。在 3 000 r/min 离心 25 min 后，通过液体闪烁计数仪分析上清液中菲的浓度（Wang et al.，2011）。吸附平衡后，溶液 pH 在 6.3～6.8。所有样品都设置平行样。空白实验表明，玻璃瓶对菲的吸附可忽略不计，因此可以通过质量平衡的方法计算 HA 组分对菲的吸附量。

使用 Freundlich 模型和 PD 模型来拟合菲的吸附数据，具体拟合方程分别见第 1 章和第 4 章。用 Sigmaplot 10.0 进行数据拟合。使用 t 检验来分析测试样品的理化性质和吸附能力的差异，当 $p < 0.05$ 时，认为具有显著差异。

6.2 土壤和生物炭中胡敏酸的组成特征

6.2.1 胡敏酸提取率和元素组成

BDHA 的提取率随生物炭的热解温度的升高而变化（表 6.1）。与第 4 章的研究结果一致，在 450℃下生产的 BDHA 产量最高，达到 4.4%～63.1%（表 6.1）。其中，BDHA-CH 的质量回收率最低，仅有 4.4%，而 BDHA-MA 的质量回收率最高，为 63.1%。BDHA 产量的差异可归因于原始生物炭中 OC 质量分数的不同，而且，BDHA 产量与原始生物炭 OC 质量分数之间存在显著正相关关系（图 6.1）。这种相关性进一步表明，氧化后，大部分生物炭 OC 更倾向于形成 BDHA 物质。300℃条件下制备的生物炭没有充分炭化，经 HNO₃ 处理后，大部分有机质被氧化，氧化后生物炭材料不足以进一步提取 BDHA。而 600℃制备的生物炭已经石墨化（Trompowsky et al.，2005），仅能提取出少量 BDHA，所得 BDHA 不够后续的表征实验和吸附实验（表 6.1）。因此，后续实验只使用从 450℃生物炭中提取的 BDHA。这个温度制备的生物炭常用于土壤改良（Jones et al.，2012；Chan et al.，2007），对 BDHA 组分进行研究，更具有实际意义。

表 6.1 BDHA 及提取 HA 后所剩残留物（residue，Res）的质量回收率和有机碳回收率

样品	质量回收率 [a]/%		OC 回收率 [b]/%
	450℃	600℃	450℃
BDHA-RI	25.5	0.7	23.9
BDHA-WH	61.7	1.3	46.8
BDHA-MA	63.1	0.4	45.5
BDHA-SW	45.0	3.3	69.3
BDHA-CW	29.8	1.1	53.1
BDHA-CH	4.4	1.2	13.9
RES-RI	2.9	73.5	nd[c]
RES-WH	15.7	93.4	11.6
RES-MA	16.8	93.4	11.7

续表

样品	质量回收率 [a]/%		OC 回收率 [b]/%
	450 ℃	600 ℃	450 ℃
RES-SW	11.5	57.9	1.6
RES-CW	42.6	80.6	2
RES-CH	63.0	84.8	18

注：a 为质量回收率$=M_{BDHA/Res}/M_{生物炭}\times100\%$；b 为有机碳（OC）回收率$=OC_{BDHA/Res}\times M_{BDHA/Res}/[OC_{生物炭}\times M_{生物炭}]\times100\%$，其中 M 为 BDHA、Res（提取 HA 后的剩余组分）或生物炭样品的质量；c 为未检测。

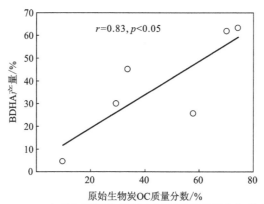

图 6.1　BDHA 产量与原始生物炭有机碳质量分数之间的相关性

表 6.2 和表 6.3 中显示了土壤、生物炭和 HA 样品的整体和表面元素组成、灰分质量分数、CO_2-SA 和微孔体积。BDHA 样品的平均 OC 质量分数为 49.4%，平均 O 和 H 质量分数分别为 28.9% 和 3.1%（表 6.2）。在生物炭分级后，BDHA 的 OC 回收率为 13.9%～69.3%（表 6.1），这意味着大量生物炭的添加及其风化过程将对土壤中的 HA 产生很大影响。这一发现为探索生物炭的降解，以及降解过程对 SOM 理化性质的潜在影响提供了一个新的视角。BDHA 的整体极性[(O+N)/C 原子个数比值]在 0.47～0.60，OC 质量分数普遍高于 SDHA（表 6.2）。为了更好地探索 SDHA 和 BDHA 的元素组成，整理总结文献中给出的生物炭、BDHA 组分、SDHA 组分、富含生物炭材料的土壤（黑土）及普通土壤中分离出的 HA 的 H/C 和 O/C 原子个数比值，列于表 6.4，并绘制范氏图，如图 6.2 所示。图 6.2 清楚地表明，BDHAs 和 SDHA 的 H/C 和 O/C 原子个数比值分布在不同的区域。SDHAs 的位置集中在范氏图中的木质素/类黑精区域附近，而 BDHA 的区域在黑土 HA 附近。此外，BDHA 的 H/C 原子个数比值明显低于 SDHA。

表6.2　土壤和生物炭中HA组分的整体和表面元素组成、比表面积及孔体积

样品	质量分数[1]/%							整体 (O+N)/C	灰分质量分数/%	质量分数[2]/%				表面 (O+N)/C	C的表面富集度[a]	CO_2-SA /(m²/g)	CO_2-SA/OC[b] /(m²/g)	微孔体积 /(cm³/g)
	C	O	H	N	C/N	O/C	H/C			C	O	N	Si					
SDHA-S1	16.5	17.6	3.0	1.7	11.5	0.80	2.17	0.88	61.2	75.7	22.5	1.8	0.0	0.24	4.59	96.8	585.4	0.030
SDHA-S2	59.6	27.0	7.9	2.4	28.8	0.34	1.59	0.37	3.1	61.5	23.7	5.3	0.0	0.36	1.03	17.1	28.7	0.007
SDHA-S3	49.0	29.7	5.7	4.2	13.5	0.46	1.39	0.53	11.4	19.5	42.0	2.0	24.3	1.70	0.40	115.6	236.2	0.036
SDHA-S4	27.3	21.7	3.5	2.3	13.8	0.60	1.54	0.67	45.2	40.4	29.5	4.1	7.9	0.63	1.48	52.5	192.3	0.018
SDHA-S5	27.4	17.7	2.8	2.0	16.0	0.48	1.23	0.55	50.0	43.9	36.5	3.1	16.0	0.68	1.60	96.7	352.9	0.029
BDHA-RI	54.3	30.5	3.1	3.4	18.7	0.42	0.69	0.47	8.7	60.8	29.1	4.0	5.0	0.42	1.12	80.4	148.0	0.028
BDHA-WH	53.2	31.8	3.2	3.2	19.6	0.45	0.73	0.50	8.6	63.6	27.1	3.0	1.0	0.36	1.20	39.2	73.6	0.015
BDHA-MA	53.6	31.5	3.1	3.5	17.8	0.44	0.69	0.50	8.2	64.7	28.5	4.0	1.2	0.38	1.21	57.4	107.1	0.020
BDHA-SW	51.9	30.0	3.3	6.6	9.1	0.43	0.76	0.54	8.2	73.2	25.7	0.0	1.1	0.26	1.41	70.7	136.2	0.025
BDHA-CW	52.6	28.9	3.0	4.9	12.5	0.41	0.67	0.49	10.7	62.9	29.6	0.0	3.0	0.35	1.20	46.8	88.9	0.017
BDHA-CH	31.0	20.5	2.6	3.6	10.1	0.50	1.02	0.60	42.2	34.4	36.6	4.1	13.7	0.90	1.11	57.3	184.7	0.022

注: 1 为整体元素组成分析; 2 为用XPS测定的表面元素组成分析; a 为C的表面富集度=C(XPS)/C(元素分析); b 为有机碳(OC)归一化比表面积(CO_2-SA)。

表6.3 原始土壤、生物炭、提取HA之后的生物炭残留物的整体和表面元素组成、比表面积及孔体积

| 样品 | 质量分数1/% | | | | | | | 整体 | 灰分质量分数/% | 质量分数2/% | | | | 表面 | CO_2-SA /(m²/g) | CO_2-SA/OC[a] /(m²/g) | 微孔体积 /(cm³/g) |
	C	O	N	H	C/N	O/C	H/C	(O+N)/C		C	O	N	Si	(O+N)/C			
S1	3.6	nd[b]	0.38	0.76	11.1	nd	2.53	nd	nd	nd	nd	nd	nd	nd	nd	nd	nd
S2	23.7	nd	1.41	3.04	19.6	nd	1.54	nd	nd	nd	nd	nd	nd	nd	nd	nd	nd
S3	1.4	nd	0.13	0.50	12.6	nd	4.29	nd	nd	nd	nd	nd	nd	nd	nd	nd	nd
S4	2.7	nd	0.13	1.00	24.2	nd	4.44	nd	nd	nd	nd	nd	nd	nd	nd	nd	nd
S5	4.4	nd	0.30	1.26	17.1	nd	3.44	nd	nd	nd	nd	nd	nd	nd	nd	nd	nd
RI	57.9	11.8	0.8	3.3	81.4	0.15	0.69	0.16	26.2	63.4	21.5	3.1	12.0	0.30	293.4	506.7	0.085
WH	70.2	12.9	0.5	4.3	178.0	0.14	0.73	0.14	12.2	68.7	17.7	2.3	11.4	0.22	349.7	498.1	0.101
MA	74.4	11.8	1.0	3.8	85.9	0.12	0.61	0.13	9.1	73.7	16.0	2.1	8.3	0.19	388.3	521.9	0.111
SW	33.7	10.2	2.6	2.6	15.3	0.23	0.91	0.29	50.9	48.5	25.7	4.6	12.3	0.48	162.0	480.7	0.046
CW	29.5	4.1	1.4	1.0	24.8	0.10	0.39	0.15	68.1	49.0	24.6	6.6	14.1	0.49	69.9	236.8	0.019
CH	9.8	3.6	0.5	0.9	21.6	0.28	1.12	0.33	85.2	40.2	36.0	3.5	20.3	0.74	33.2	338.3	0.010
RES-WH	52.0	27.9	2.6	3.1	23.5	0.40	0.72	0.44	14.4	63.2	26.6	3.3	1.9	0.30	314.6	605.0	0.082
RES-MA	52.1	29.0	3.0	3.2	20.2	0.42	0.74	0.47	12.7	65.6	26.0	3.5	0.8	0.16	331.2	635.7	0.087
RES-SW	4.7	1.4	0.4	0.3	13.0	0.22	0.90	0.30	93.2	10.1	45.8	0.0	30.0	0.15	26.5	563.8	0.009
RES-CW	1.4	0.0	0.1	0.2	19.4	0.01	1.38	0.07	98.3	7.0	48.2	0.0	32.6	0.15	14.4	1 028.6	0.005
RES-CH	2.8	0.1	0.0	0.1	94.8	0.04	0.64	0.05	96.9	9.4	47.1	0.0	31.0	0.14	8.9	317.9	0.003

注：1为整体元素组成分析；2为用XPS测定的表面元素组成分析；a为有机碳（OC）归一化比表面积（CO_2-SA）；b为未检测到。

表 6.4 　450 ℃制备的生物炭、生物炭来源的 HA、黑土和普通土壤中 HA 组分的 H/C 和 O/C 原子个数比值

样品	样品来源	O/C 原子个数比	H/C 原子个数比	参考文献
生物炭	450℃的水稻秸秆	0.15	0.69	本研究
	450℃的小麦秸秆	0.14	0.73	
	450℃的玉米秸秆	0.12	0.61	
	450℃的猪粪	0.23	0.91	
	450℃的牛粪	0.10	0.39	
	450℃的鸡粪	0.28	1.12	
生物炭 HA	450℃的水稻秸秆	0.80	2.17	本研究
	450℃的小麦秸秆	0.34	1.59	
	450℃的玉米秸秆	0.46	1.39	
	450℃的猪粪	0.60	1.54	
	450℃的牛粪	0.48	1.23	
	450℃的鸡粪	0.80	2.17	
黑土 HA	亚马孙黑土	0.38	0.85	Novotny 等（2007）
	亚马孙黑土	0.38	0.85	
	亚马孙黑土	0.36	0.90	
	亚马孙黑土	0.37	0.79	
	亚马孙黑土	0.38	0.89	
	亚马孙黑土	0.38	0.97	
	亚马孙黑土	0.37	0.68	
	亚马孙黑土	0.34	0.49	
	亚马孙黑土	0.40	0.80	
	亚马孙黑土	0.30	0.64	
	亚马孙黑土	0.33	0.72	
	亚马孙黑土	0.32	0.73	
	亚马孙黑土	0.29	0.61	
	亚马孙黑土	0.34	0.90	

续表

样品	样品来源	O/C 原子个数比	H/C 原子个数比	参考文献
黑土 HA	亚马孙黑土	0.35	0.79	Novotny 等（2007）
	亚马孙黑土	0.30	0.76	
	亚马孙黑土	0.32	0.60	
	亚马孙黑土	0.33	0.74	
	日本火山灰土	0.39	0.67	Shindo 等（2016）
	日本火山灰土	0.43	0.59	
非黑土 HA	草原土壤	0.80	2.17	本研究
	泥炭土壤	0.34	1.59	
	农业土壤	0.46	1.39	
	农业土壤	0.60	1.54	
	农业土壤	0.48	1.23	
	巴西高原非黑土	0.44	0.97	de Melo Benites 等（2005）
	巴西高原非黑土	0.46	0.97	
	巴西高原非黑土	0.45	0.92	
	美国麻州泥炭土	0.56	1.01	Kang 等（2005）
	美国麻州泥炭土	0.55	1.09	
	美国麻州泥炭土	0.53	1.18	
	美国麻州泥炭土	0.51	1.15	
	美国麻州泥炭土	0.51	1.27	
	美国麻州泥炭土	0.49	1.25	
	美国麻州泥炭土	0.49	1.22	
	美国麻州泥炭土	0.46	1.28	
	美国麻州泥炭土	0.44	1.28	
	美国麻州泥炭土	0.41	1.41	
国际腐殖酸协会 HA	标准泥炭土壤腐殖酸（NO.IS 103H）	0.47	0.81	—

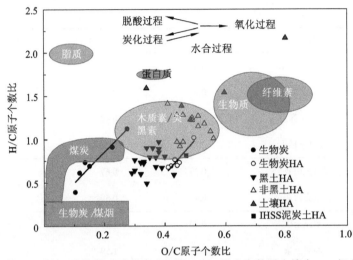

图 6.2　450℃生物炭、生物炭来源的 HA、黑土和普通土壤中 HA 组分
的 H/C 和 O/C 原子个数比的范氏图

扫封底二维码见彩图

表 6.2 中列出了两种类型 HA 的表面元素组成。XPS 测试结果显示，HA 样品
的表面 C 质量分数在 19.5%～75.7% 内，与泥炭 HA 样品表面 C 质量分数相当（Yang
et al.，2011）。表面 C 的富集度可以通过 XPS 测得的表面 C 质量分数与元素分析
获得的整体 C 质量分数的比值来表示。除 SDHA-S3 以外，所有 HA 样品的表面
富集度范围在 1.03～4.59，这意味着在 C 元素主要富集在颗粒表面，换言之，大
部分矿物颗粒表面被有机层覆盖。这一观察结果与之前的研究一致，这些研究表
明土壤和沉积物中的矿物质主要被有机物质包裹（Yang et al.，2011；Mikutta et al.，
2009）。此外，XPS C1s 谱图分析结果显示，BDHA 的表面 COOH 基团含量比其
母体生物炭及 SDHA 更为丰富（表 6.5），表面 BDHA 样品具有更大的阳离子交
换容量（Mao et al.，2012；Novotny et al.，2007）和更高的植物养分保留能力，
这两个特征都有利于提高土壤肥力。BDHA 丰富的表面 COOH 基团也会促进其与
土壤矿物质的相互作用（Kleber et al.，2007），这可以保护 BDHA 免于进一步降
解。有研究提出，物理保护及与土壤矿物质的相互作用在生物炭的长期稳定中起
着重要作用（Schmidt et al.，2011；Brodowski et al.，2006）。此外，除了 SDHA-S1，
SDHA 的所有含 O 官能团（C—O、C═O 和 COO）的总和高于 BDHA（表 6.5），
这意味着 BDHA 的表面疏水性更强。

表 6.5　原始生物炭、生物炭和土壤中 HA 组分、提取 HA 后剩余的
生物炭组分的表面官能团组成

样品	C—C 相对比例/%	C—O 相对比例/%	C=O 相对比例/%	COO 相对比例/%	表面富集 Cᵃ/%
SDHA-S1	74.3	15.4	5.2	5.1	25.7
SDHA-S2	69.3	19.7	6.6	4.3	30.6
SDHA-S3	52.6	21.3	22.7	3.4	47.4
SDHA-S4	62.8	16.6	15.4	5.3	37.3
SDHA-S5	64.9	11.5	20.3	3.4	35.2
BDHA-RI	74.5	10.1	5.3	10.1	25.5
BDHA-WH	75.4	11.7	4.1	8.8	24.6
BDHA-MA	72.2	10.7	9.0	8.1	27.8
BDHA-SW	78.5	11.0	3.7	6.8	21.5
BDHA-CW	72.8	12.8	4.5	9.8	27.1
BDHA-CH	73.4	9.9	12.1	4.6	26.6
RI	87.3	3.4	5.9	3.4	12.7
WH	79.1	16.2	2.8	1.9	20.9
MA	71.7	14.7	12.6	1.0	28.3
SW	75.8	21.1	0.6	2.5	24.2
CW	93.5	1.1	5.5	0.0	6.6
CH	91.4	8.6	0.0	0.0	8.6
RES-WH	76.5	8.1	13.4	2.0	23.5
RES-MA	91.3	3.6	2.7	2.3	8.6
RES-SW	88.9	2.4	5.0	3.8	11.2
RES-CW	90.8	0.3	3.4	5.5	9.2
RES-CH	91.1	0.2	4.2	4.6	9.0

注：a 为表面极性 C=(C—O)+(C=O)+(COO)。

6.2.2 官能团组成

如 ^{13}C-NMR 谱图的结果所示，烷基 C 在生物炭的氧化和分级提取过程中被选择性氧化，导致 BDHA 的芳香性略高于原始生物炭（图 6.3 和表 6.6）。此外，图 6.3 中脂肪族 C（烷基、甲氧基和碳水化合物 C）的信号（0～93 ppm）几乎可以忽略不计（不超过总谱区的 5%，见图 6.3 和表 6.6），与 BDHA 的低 H/C 一致（表 6.2）。BDHA 谱图中，中心位于 20 ppm 处的烷基 C 峰代表着稠合芳环上的短链烷基取代基，如甲基（Trompowsky et al.，2005）。相反，SDHA 的烷基 C 信号分布在很宽的化学位移范围（0～45 ppm），中心位于 30 ppm，表明 SDHA 的烷基 C 主要是长链聚亚甲基结构（Wilson，2013）。由表 6.6 可知，SDHA 样品中的极性 C 质量分数在 31.4%～43.5%，明显高于 BDHA 样品（23.3%～26.0%）。此外，值得注意的是，图 6.3 中 SDHA 的羧基信号主要来自脂肪族羧基和酰胺基（中心位于 173 ppm），而 BDHA 的羧基则主要与芳香族结构连接，使得其羧基信号的中心移到 168 ppm（Novotny et al.，2009）。Mao 等（2012）研究也表明，黑土中 HA 提取物的羧基主要与芳香环相连。吸电子羧基位于 BDHA 的芳香族平面的边缘上，可以增加表面芳香环的 π-极性，使它们成为有效的 π 受体，增强对菲（电子供体）的吸附能力。

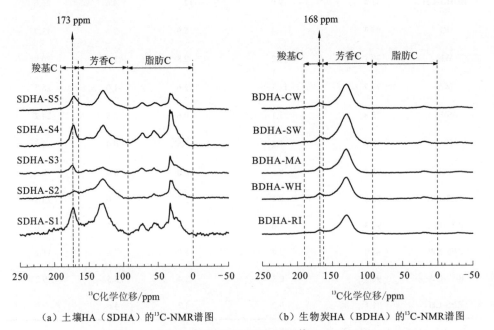

（a）土壤 HA（SDHA）的 ^{13}C-NMR 谱图　　　（b）生物炭 HA（BDHA）的 ^{13}C-NMR 谱图

图 6.3　土壤和生物炭来源胡敏酸的 ^{13}C-NMR 谱图

表 6.6　土壤和生物炭来源 HA 的 ^{13}C-NMR 谱图积分结果

样品	烷基/% 0~45 ppm	甲氧基/% 45~63 ppm	碳水化合物/% 63~93 ppm	芳香基/% 93~148 ppm	含氧芳香基/% 148~165 ppm	羧基/% 165~190 ppm	羰基/% 190~220 ppm	脂肪碳 /%	芳香碳 /%	芳香度 [a] /%	极性碳总量 [b] /%
SDHA-S1	21.1	7.2	6.8	35.4	8.2	16.9	4.4	35.1	43.6	55.4	43.5
SDHA-S2	23.3	4.2	1.2	45.3	10.9	10.9	4.4	28.7	56.2	66.2	31.6
SDHA-S3	33.9	8.5	10.2	22.7	5.4	14.2	5.1	52.6	28.1	34.8	43.4
SDHA-S4	33.2	11.6	8.3	28.6	5.0	13.3	0.0	53.1	33.6	38.8	38.2
SDHA-S5	24.5	7.4	5.6	39.2	6.9	16.4	0.0	37.5	46.1	55.1	36.3
SDHA-S1-BL	58.2	4.1	14.1	2.4	2.4	18.2	0.6	76.5	4.8	5.8	39.4
SDHA-S2-BL	63.7	5.7	11.5	5.7	1.3	10.2	1.9	80.9	7.0	8.0	30.6
SDHA-S3-BL	35.3	6.3	25.2	19.9	1.7	10.1	1.4	66.8	21.6	24.4	44.8
BDHA-RI	4.0	0.2	0.8	71.2	10.2	9.3	4.3	5.0	81.4	94.2	24.8
BDHA-WH	2.8	0.0	0.7	72.5	10.8	10.0	3.2	3.5	83.3	96.0	24.7
BDHA-MA	3.1	0.2	0.2	70.9	11.0	10.4	4.1	3.5	81.9	95.9	25.9
BDHA-SW	1.3	1.0	1.3	74.9	11.0	8.6	1.8	3.6	85.9	96.0	23.7

续表

样品	烷基/% 0~45 ppm	甲氧基/% 45~63 ppm	碳水化合物/% 63~93 ppm	芳香基/% 93~148 ppm	含氧芳香基/% 148~165 ppm	羧基/% 165~190 ppm	羰基/% 190~220 ppm	脂肪碳 /%	芳香碳 /%	芳香度 a /%	极性碳总量 b /%
BDHA-CW	2.8	0.2	0.5	73.9	10.2	9.2	3.1	3.5	84.1	96.0	23.3
RI	7.9	0.3	0.4	71.6	8.9	4.8	6.2	8.6	80.5	90.3	20.6
WH	9.4	2.3	0.2	72.0	9.6	4.3	2.3	11.9	81.6	87.3	18.7
MA	8.9	2.4	1.0	76.0	9.7	1.9	0.1	12.3	85.7	87.4	15.1
SW	10.9	1.0	0.8	75.2	7.6	2.6	2.0	12.7	82.8	86.7	14.0
CH	26.2	5.5	0.8	55.2	7.9	2.9	1.6	32.5	63.1	66.0	18.6
RES-WH	8.4	1.0	5.5	62.1	9.1	6.6	7.3	14.9	71.2	82.7	29.5
RES-MA	2.2	0.1	1.1	74.8	8.9	9.4	3.6	3.4	83.7	96.1	23.1
RES-SW	6.6	3.5	2.0	67.3	11.0	6.9	2.6	12.1	78.3	86.6	26.0
RES-CW	2.6	0.1	7.5	61.3	12.1	12.7	3.8	10.2	73.4	87.8	36.2
RES-CH	4.6	1.5	11.7	66.7	6.2	5.7	3.6	17.8	72.9	80.4	28.7

注：a 为芳香度=100×芳香碳（93~165 ppm）/[芳香碳（93~165 ppm）+脂肪碳（0~93 ppm）]；b 中极性碳区域为 45~93 ppm 和 148~220 ppm。

6.2.3　结构和形貌

　　SDHA 和 BDHA 的拉曼光谱（图 6.4 和图 6.5）显示出两个典型的峰，即无定形峰（A）和石墨峰（G）（Ferrari et al.，2001）。SDHA 的 A 峰明显强于 G 峰，表明 SDHA 的 OC 主要是无定形的（图 6.4）。相反，BDHA 的 G 峰明显比 A 峰尖锐（图 6.5），表明 BDHA 中 OC（主要是芳族化合物）的结晶度高。SEM 图进一步证实了 SDHA 和 BDHA 的形态差异。图 6.6 和图 6.7 的 SEM 图像清晰地显示了 SDHA 和 BDHA 明显不同的形貌特征。在 SEM 下，SDHA 样品粗糙表面，并且通常以无定形形式出现。呈现离散颗粒或片状（图 6.6）。在 BDHA 中未观察到类似的形态（图 6.7）。BDHA 的表面光滑而致密，表明了 BDHA 的稠环芳香结构，这与 NMR 和拉曼分析的结果一致。

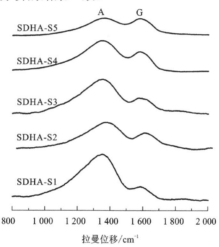

（a）漂白处理前SDHA的拉曼谱图

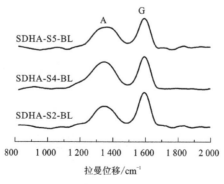

（b）漂白处理后SDHA的拉曼谱图

图 6.4　漂白处理前后土壤来源胡敏酸的拉曼谱图

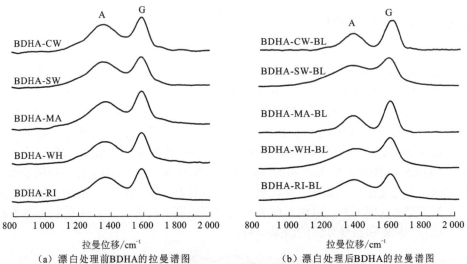

（a）漂白处理前BDHA的拉曼谱图　　　　　（b）漂白处理后BDHA的拉曼谱图

图 6.5　漂白处理前后生物炭来源胡敏酸的拉曼谱图

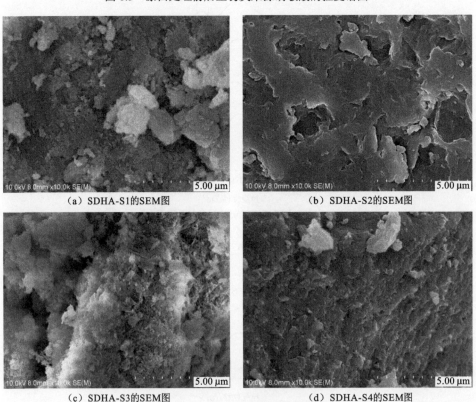

（a）SDHA-S1的SEM图　　　　　　　（b）SDHA-S2的SEM图

（c）SDHA-S3的SEM图　　　　　　　（d）SDHA-S4的SEM图

图 6.6　土壤来源 HA 的 SEM 图

扫封底二维码见彩图

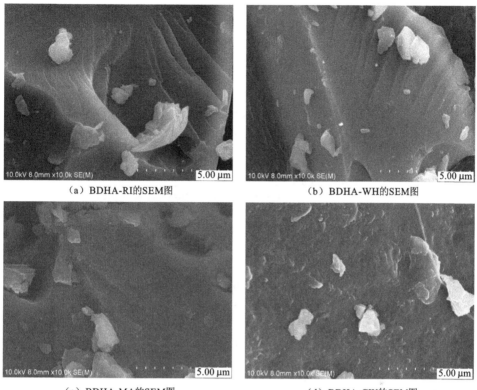

（a）BDHA-RI的SEM图　　　　　　　　（b）BDHA-WH的SEM图

（c）BDHA-MA的SEM图　　　　　　　　（d）BDHA-CW的SEM图

图 6.7　生物炭来源 HA 的 SEM 图

扫封底二维码见彩图

6.2.4　微孔结构

微孔体积分数和 SA 是土壤中有机物质非常重要的性质，因为它们影响所有与土壤肥力有关的功能，包括持水能力、养分循环和吸附过程（Lehmann et al.，2015）。CO_2 测试样品的吸附等温线和孔径分布分别见图 6.8 和图 6.9。SDHA 样品的 CO_2-SA 值范围为 17.1～115.6 m^2/g（表 6.2），与之前的研究数据一致（Ran et al.，2013）。BDHA 样品具有相近的 CO_2-SA 值（39.2～80.4 m^2/g），低于预期值，因为用于获得 BDHA 样品的原始生物炭具有高孔隙度，且 CO_2-SA 值在 33.2～388.3 m^2/g（表 6.3）。SDHA 和 BDHA 组分具有相近的 CO_2-SA 值，因此，生物炭的添加可能对土壤中 HA 组分的表面积影响不大。

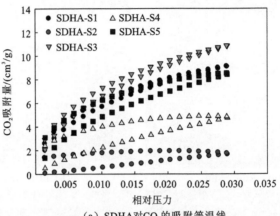

（a）SDHA对CO_2的吸附等温线

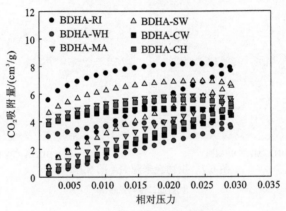

（b）BDHA对CO_2的吸附等温线

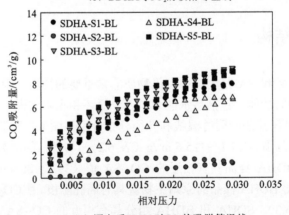

（c）漂白后SDHA对CO_2的吸附等温线

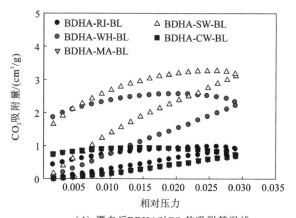

（d）漂白后BDHA对CO₂的吸附等温线

图 6.8　漂白处理前后 HA 样品对 CO₂ 的吸附等温线

扫封底二维码见彩图

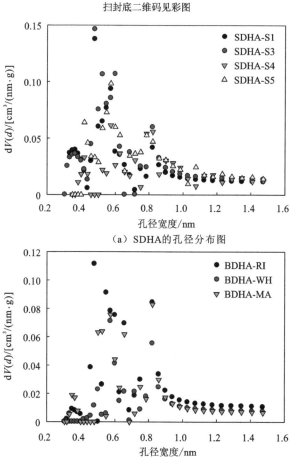

（a）SDHA的孔径分布图

（b）BDHA（RI、WH、MA）的孔径分布图

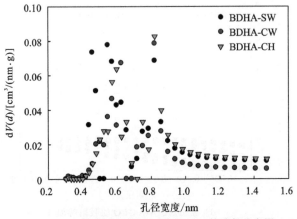

（c）BDHA（SW、CW、CH）的孔径分布图

图 6.9　土壤和生物炭来源 HA 样品的孔径分布图

扫封底二维码见彩图

6.2.5　漂白后胡敏酸的理化性质

漂白处理除去了大量的 OC（表 6.7）。漂白处理后，SDHA 的有机碳回收率为 16.5%～59.6%，而 BDHA 的 OC 回收率在 50%左右（表 6.7）。^{13}C-NMR 谱图（图 6.10）清楚地表明，漂白处理后 SDHA 中芳香族结构的相对比例降低。此外，拉曼光谱显示漂白处理大大降低了 SDHA 和 BDHA 的无定形 C 峰（图 6.4 和图 6.5）。这些结果表明，漂白处理去除了样品中的无定形芳香 C，这与 Han 等（2016）的研究结果一致。

随着无定形芳香 C 的去除，SDHA 的微孔体积和 CO_2-SA 略有下降（SDHA-S4除外），而 OC 归一化的 CO_2-SA（CO_2-SA/OC）值显著增加（图 6.11 和表 6.7）。这表明 SDHA 中无定形芳香族成分不是微孔的主要来源；否则，去除无定形芳香族 C 后，SDHA 的 CO_2-SA 和 CO_2-SA/OC 值应该会显著降低。此外，BDHA 的微孔体积、CO_2-SA 和 CO_2-SA/OC 值显著下降（图 6.11 和表 6.7）。因此，BDHA的微孔主要来自无定形的芳香族结构。由此可见，尽管 SDHA 和 BDHA 样品在CO_2-SA 值上没有明显差异，但它们的微孔主要来自不同的结构部分。

表 6.7　漂白处理后 HA 样品的质量回收率、有机碳回收率、整体元素组成、比表面积和孔体积

样品	质量分数/%				H/C	(O+N)/C	灰分质量分数/%	总回收率 [a]/%	有机碳回收率 [b]/%	CO_2-SA /(m²/g)	CO_2-SA/OC /(m²/g)	微孔体积 /(m³/g)
	C	O	N	H								
SDHA-S1-BL	11.2	13.3	1.1	2.2	2.31	0.97	72.2	71.6	16.5	84.7	755.8	0.028
SDHA-S2-BL	58.6	29.6	2.0	7.9	1.62	0.41	1.9	66.4	59.6	12.7	21.6	0.005
SDHA-S3-BL	7.3	8.3	0.6	1.5	2.52	0.92	82.3	85.3	49.0	98.3	1 346.9	0.032
SDHA-S4-BL	23.9	20.3	1.9	2.9	1.46	0.71	51.0	50.0	27.3	71.1	297.7	0.026
SDHA-S5-BL	13.5	14.1	1.0	1.8	1.61	0.85	69.6	65.4	27.4	89.2	660.7	0.028
BDHA-RI-BL	45.8	36.8	2.2	2.3	0.61	0.64	12.9	80.4	54.3	9.0	19.6	0.003
BDHA-WH-BL	47.9	35.6	2.1	2.3	0.58	0.59	12.1	55.9	53.2	24.7	51.5	0.010
BDHA-MA-BL	42.9	33.6	2.1	2.2	0.60	0.63	19.2	80.7	53.6	5.5	12.9	0.002
BDHA-SW-BL	53.2	32.7	6.0	2.5	0.57	0.56	5.63	67.2	51.9	32.1	60.3	0.011
BDHA-CW-BL	34.2	30.8	2.6	1.8	0.65	0.74	30.6	72.6	52.6	4.7	13.6	0.002

注：a 为总回收率=$M_{BL}/M_{OR}×100\%$；b 为有机碳回收率=$OC_{BL}×M_{BL}/[OC_{OR}×M_{OR}]×100\%$，其中 M 为原始（OR）或漂白后（BL）样品的质量。

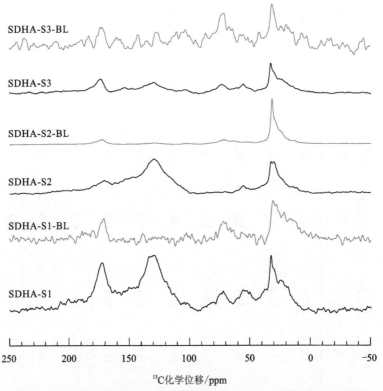

图 6.10　漂白处理前后土壤来源胡敏酸（SDHA）的 ^{13}C-NMR 谱图

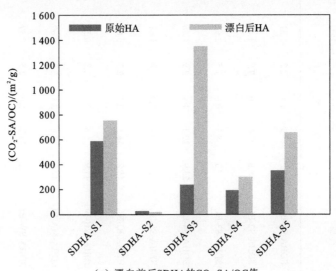

（a）漂白前后SDHA的CO$_2$-SA/OC值

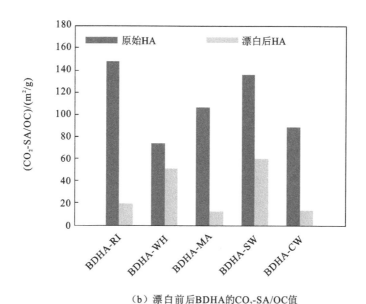

（b）漂白前后BDHA的CO_2-SA/OC值

图 6.11　漂白处理前后土壤和生物炭来源 HA 的 CO_2-SA/OC 值

扫封底二维码见彩图

6.3　土壤和生物炭中胡敏酸对菲的吸附特性

6.3.1　吸附等温线

SDHA 和 BDHA 对菲的 Freundlich 吸附等温线如图 6.12 所示。拟合参数列于表 6.8。SDHA 和 BDHA 对菲的吸附等温线均呈现非线性特征，其各自的 n 值在 0.64～1.01 和 0.45～0.69（表 6.8）。BDHA 表现出比 SDHA 更强的非线性吸附。这是由于 BDHA 的芳香性较高，而 n 值与 HA 的芳香性之间具有反比关系(图6.13)。因此，可以得出结论，SDHA 和 BDHA 的非线性菲吸附受其芳香性官能团控制。菲可以通过 π-π 电子供体-受体（EDA）相互作用吸附到芳香区域，并且这个过程会导致非线性吸附（Chefetz et al.，2009）。BDHA 吸附菲的 $\log K_{oc}$（C_e=0.01S_w）值范围为 5.16～5.61 mL/g（表 6.8）。图 6.14 和表 6.8 显示，BDHA 的 Freundlich 吸附系数（$\log K_d$ 和 $\log K_{oc}$）与相应的原始生物炭的吸附系数相近（Sun et al.，2013b）。此外，t 检验分析显示 BDHA 样品的 $\log K_d$（C_e=0.01S_w，p<0.001）和 $\log K_{oc}$（C_e=0.01S_w，p<0.05）值均显著高于 SDHA 样品。可见，BDHA 样品对菲表现出更优异的吸附能力。这意味着施加到土壤后，生物炭对污染物的高吸附容量是可

以长久保持的。这增加了生物炭应用于修复受菲污染的土壤的可行性。

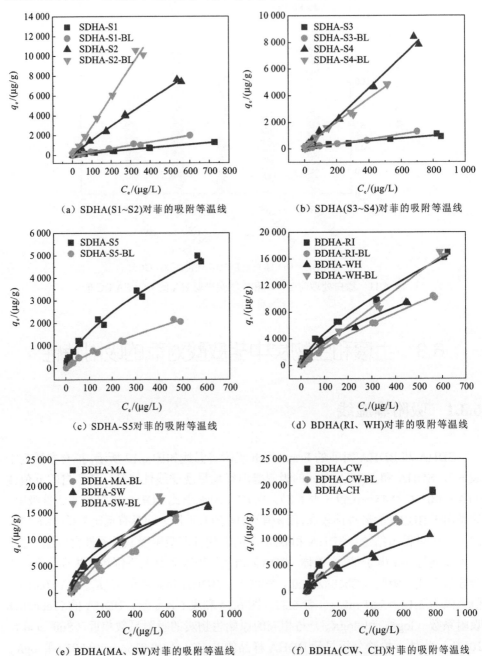

(a) SDHA(S1~S2)对菲的吸附等温线

(b) SDHA(S3~S4)对菲的吸附等温线

(c) SDHA-S5对菲的吸附等温线

(d) BDHA(RI、WH)对菲的吸附等温线

(e) BDHA(MA、SW)对菲的吸附等温线

(f) BDHA(CW、CH)对菲的吸附等温线

图 6.12　漂白处理前后的 HA 样品对菲的吸附等温线

扫封底二维码见彩图

表 6.8 漂白前后 HA 样品对菲的吸附等温线参数

样品	K_F	n	N^a	R^2	$\log K_d/(\text{mL/g})$			$\log K_{oc}^b/(\text{mL/g})$		
					$C_e=0.01S_w$	$C_e=0.1S_w$	$C_e=1S_w$	$C_e=0.01S_w$	$C_e=0.1S_w$	$C_e=1S_w$
SDHA-S1	3.5 ± 0.3^c	0.89 ± 0.015	18	1.00	3.44	3.33	3.22	4.22	4.11	4.01
SDHA-S2	20.3 ± 2.1	0.94 ± 0.017	18	1.00	4.24	4.18	4.12	4.47	4.40	4.34
SDHA-S3	9.0 ± 2.1	0.70 ± 0.036	19	0.98	3.64	3.34	3.04	3.95	3.65	3.35
SDHA-S4	10.5 ± 2.8	1.01 ± 0.042	18	0.99	4.03	4.05	4.06	4.59	4.61	4.62
SDHA-S5	83.4 ± 17.7	0.64 ± 0.036	18	0.98	4.54	4.18	3.82	5.10	4.74	4.38
SDHA-S1-BL	3.4 ± 0.6	1.00 ± 0.031	18	0.99	3.53	3.52	3.52	4.48	4.47	4.47
SDHA-S2-BL	27.7 ± 5.2	1.01 ± 0.034	20	0.99	4.45	4.46	4.48	4.69	4.70	4.71
SDHA-S3-BL	1.9 ± 0.5	0.99 ± 0.038	18	0.99	3.27	3.26	3.26	4.41	4.40	4.39
SDHA-S4-BL	15.8 ± 2.5	0.91 ± 0.027	20	1.00	4.11	4.02	3.94	4.73	4.64	4.56
SDHA-S5-BL	19.1 ± 2.6	0.76 ± 0.023	20	0.99	4.03	3.79	3.55	4.90	4.66	4.42
BDHA-RI	198.8 ± 46.7	0.69 ± 0.039	18	0.98	4.97	4.65	4.34	5.23	4.92	4.60
BDHA-WH	181.8 ± 19.2	0.65 ± 0.018	18	1.00	4.89	4.53	4.18	5.16	4.81	4.45
BDHA-MA	229.0 ± 31.3	0.64 ± 0.022	17	0.99	4.98	4.63	4.27	5.25	4.90	4.54
BDHA-SW	807.3 ± 142.0	0.45 ± 0.028	16	0.97	5.33	4.78	4.22	5.61	5.06	4.51
BDHA-CW	334.2 ± 64.7	0.60 ± 0.031	18	0.98	5.11	4.71	4.31	5.39	4.99	4.59
BDHA-CH	121.8 ± 14.6	0.67 ± 0.019	20	0.99	4.74	4.41	4.09	5.25	4.92	4.59
BDHA-RI-BL	61.8 ± 4.7	0.81 ± 0.013	20	1.00	4.59	4.40	4.20	4.93	4.74	4.54
BDHA-WH-BL	36.4 ± 10.1	0.96 ± 0.045	20	0.99	4.52	4.47	4.43	4.83	4.79	4.75
BDHA-MA-BL	20.7 ± 10.1	1.00 ± 0.078	20	0.97	4.31	4.31	4.30	4.68	4.67	4.67
BDHA-SW-BL	48.5 ± 14.9	0.93 ± 0.050	20	0.99	4.61	4.54	4.47	4.81	4.74	4.74
BDHA-CW-BL	71.3 ± 7.3	0.82 ± 0.017	20	1.00	4.67	4.49	4.32	4.96	4.79	4.79

注：a 为数据数量；b 中 K_{oc} 为有机碳（OC）归一化吸附分布系数（K_d）；c 为标准差。

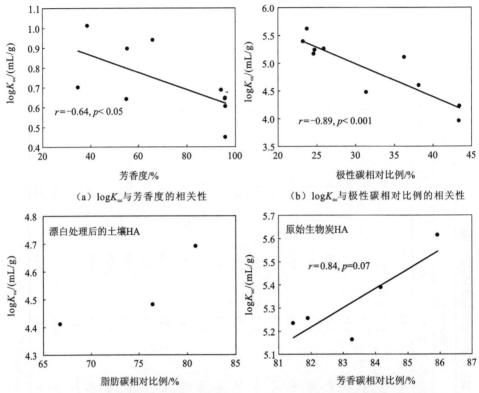

（a）$\log K_{oc}$与芳香度的相关性　　　　（b）$\log K_{oc}$与极性碳相对比例的相关性

（c）$\log K_{oc}$与脂肪碳相对比例的相关性　　　　（d）$\log K_{oc}$与芳香碳相对比例的相关性

图 6.13　土壤和生物炭 HA 对菲的吸附参数与其理化性质的相关关系

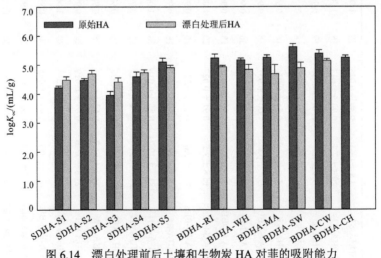

图 6.14　漂白处理前后土壤和生物炭 HA 对菲的吸附能力

扫封底二维码见彩图

6.3.2　吸附机制

BDHA 的优异吸附性能可能与其独特的结构有关。高极性（通常以 O/C、(O+N)/C 或总极性官能团相对比例来表示）可降低材料对 HOCs 的吸附亲和力（Wang et al.，2011；Chefetz et al.，2009），因为亲水部分会降低吸附位点对 HOCs 的可及性，水分子也会竞争吸附位点，从而减少吸附剂对 HOCs 的吸附（Wang et al.，2011）。如 ^{13}C-NMR 结果（表 6.6）所示，与 SDHA 相比，BDHA 具有较低的极性官能团相对比例，这可能有助于菲在 BDHA 上的吸附。而且，菲的 $\log K_{oc}$ 值与吸附剂极性 C 相对比例之间存在着显著负相关关系（图 6.13），也验证上面的解释。

除极性外，地质吸附剂的化学组成也会影响 HOCs 的吸附行为。以前的研究发现了芳香 C 和脂肪 C 在地质吸附剂吸附 HOCs 中的关键作用（Chefetz et al.，2009；Kang et al.，2005）。然而，SDHA 对菲的吸附能力与其脂肪族 C 或芳香族 C 相对比例之间没有显著相关性。Han 等（2014）提出，SOM 内火成碳的存在可以加强芳香结构在 HOCs 吸附中的作用，从而导致 SOM 组分的菲的 K_{oc} 值与脂肪族 C 相对比例之间缺乏明确的关系。为了检验 HA 样品对菲的主要吸附区域，测定了漂白后 SDHA 和 BDHA 对菲的吸附，结果见图 6.12 和表 6.8。去除无定形芳香族 C 之后，尽管 SDHA 的整体极性（(O+N)/C）有所增加（表 6.2 和表 6.7），除了 SDHA-S5 以外，SDHA 对菲的 $\log K_{oc}$ 值（C_e=0.01S_w）显著增大（配对 t 检验 p<0.05；图 6.14 和表 6.8）。Gunasekara 等（2003）研究发现漂白处理去除土壤 HA 中大量的无定形芳香组分后，增强了土壤 HA 对菲的吸附作用。因此，无定形芳香组分不太可能是 SDHA 吸附菲的主要位点。与该结论一致的是，漂白后 SDHA 对菲的 $\log K_{oc}$ 值（C_e=0.01S_w）随着脂肪族 C 相对比例的增加而增加（图 6.13），表明 SDHA 对菲的吸附由其脂肪族组分支配。

如 ^{13}C-NMR 谱图所示，BDHA 主要由芳香族 C 和羧基 C 组成（图 6.3）。有机材料中的芳香 π 系统如果富含吸电子官能团，它的芳环是缺电子的，可以作为 π 受体（Keiluweit et al.，2009）。如上所述，BDHA 的芳环被吸电子 COOH 基团取代，在对菲的吸附过程中，可以作为有效的 π-受体。与预期一致，菲的 $\log K_{oc}$ 值和 BDHA 的芳香族 C 相对比例之间存在正相关关系（图 6.13），表明 BDHA 对菲的吸附可能是由菲分子和 BDHA 的芳香组分之间的 π-π EDA 相互作用引起的。此外，如图 6.14 和表 6.8 所示，漂白处理后，随着无定形芳香族 C 的去除，BDHA 对菲的吸附（$\log K_{oc}$ 值）显著降低（配对 t 检验 p<0.01）。这表明相比于致密芳香 C，BDHA 中的无定形芳香 C 更能促进菲的吸附。否则，漂白处理去除无定形芳香族 C 后应该导致 $\log K_{oc}$ 的增加。此外，漂白后 BDHA 的整体极性（(O+N)/C）

显著增加（配对 t 检验 $p<0.05$；表 6.2 和表 6.7），这也可能降低它们对菲的吸附。

地质吸附剂的孔结构在 HOCs 的吸附中起着重要作用（Han et al., 2014; Sun et al., 2013a）。然而本研究中，虽然 SDHA 和 BDHA 具有相近的 CO_2-SA 值（表 6.2），但是 BDHA 对菲的吸附能力更高（图 6.14 和表 6.8）。很明显，孔隙填充机制不能解释 BDHA 样品具有更高的吸附能力。而且，菲的 $\log K_{oc}$ 值和 HA 样品的 CO_2-SA 值之间未发现显著相关性。此外，SDHA-S3 样品对菲的吸附能力（$\log K_{oc}$）最低，但是它的 CO_2-SA 值却是最高的（表 6.2 和表 6.8）。通过 PD 模型来拟合吸附数据（图 6.15 和表 6.9）可以进一步探查微孔填充对 HA 吸附菲的影响。与预期一致，SDHA 和 BDHA 样品对菲的吸附容量（Q_0，使用 PD 模型获得）与微孔体积之间没有相关性（图 6.16）。因此，孔隙填充不太可能是造成 SDHA 和 BDHA 对菲吸附能力差异的主要原因。

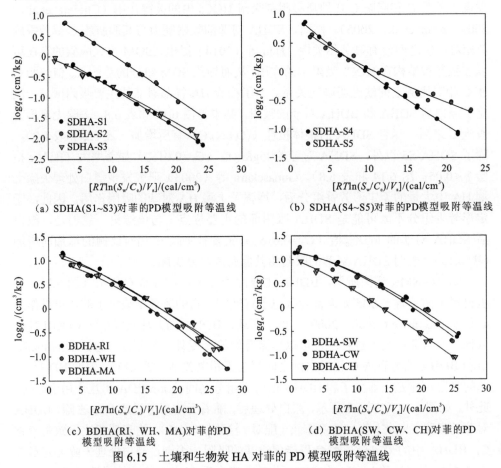

（a）SDHA(S1~S3)对菲的PD模型吸附等温线　　　（b）SDHA(S4~S5)对菲的PD模型吸附等温线

（c）BDHA(RI、WH、MA)对菲的PD模型吸附等温线　　（d）BDHA(SW、CW、CH)对菲的PD模型吸附等温线

图 6.15　土壤和生物炭 HA 对菲的 PD 模型吸附等温线

扫封底二维码见彩图

表 6.9　土壤和生物炭 HA 对菲的 PD 模型吸附等温线拟合参数

样品	$\log Q_0/(cm^3/kg)$	N^a	R^2	$Q'_0/(cm^3/kg)$	a	b
SDHA-S1	0.13 ± 0.04^b	18	1.00	1.35	-0.079 ± 0.012	1.058 ± 0.041
SDHA-S2	1.08 ± 0.04	18	1.00	12.16	-0.097 ± 0.012	1.028 ± 0.036
SDHA-S3	-0.02 ± 0.05	19	0.99	0.95	-0.053 ± 0.014	1.137 ± 0.079
SDHA-S4	1.08 ± 0.05	18	1.00	11.96	-0.150 ± 0.022	0.868 ± 0.043
SDHA-S5	1.00 ± 0.14	18	0.99	9.94	-0.185 ± 0.076	0.707 ± 0.109
BDHA-RI	1.23 ± 0.09	18	0.98	16.84	-0.043 ± 0.020	1.174 ± 0.131
BDHA-WH	0.99 ± 0.04	18	1.00	9.83	-0.018 ± 0.005	1.460 ± 0.073
BDHA-MA	1.10 ± 0.05	17	0.99	12.67	-0.020 ± 0.008	1.396 ± 0.111
BDHA-SW	1.15 ± 0.04	16	0.99	14.14	-0.014 ± 0.005	1.477 ± 0.101
BDHA-CW	1.16 ± 0.06	18	0.98	14.34	-0.015 ± 0.007	1.486 ± 0.150
BDHA-CH	1.01 ± 0.03	20	1.00	10.17	-0.042 ± 0.006	1.211 ± 0.042

注：a 为数据数量；b 为平均值±标准差。

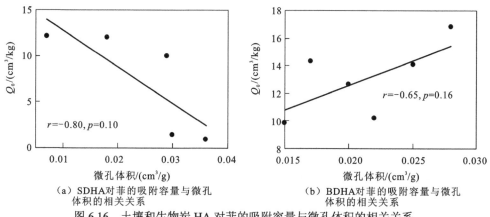

（a）SDHA对菲的吸附容量与微孔
体积的相关关系

（b）BDHA对菲的吸附容量与微孔
体积的相关关系

图 6.16　土壤和生物炭 HA 对菲的吸附容量与微孔体积的相关关系

参 考 文 献

Araujo J R, Archanjo B S, De Souza K R, et al., 2014. Selective extraction of humic acids from an anthropogenic Amazonian dark earth and from a chemically oxidized charcoal. Biology and

Fertility of Soils, 50(8): 1223-1232.

Brodowski S, John B, Flessa H, et al., 2006. Aggregate-occluded black carbon in soil. European Journal of Soil Science, 57(4): 539-546.

Chan K Y, Van Zwieten L, Meszaros I, et al., 2007. Agronomic values of greenwaste biochar as a soil amendment. Soil Research, 45(8): 629-634.

Chefetz B, Salloum M J, Deshmukh A P, et al., 2002. Structural components of humic acids as determined by chemical modifications and carbon-13 NMR, pyrolysis-, and thermochemolysis-gas chromatography/mass spectrometry. Soil Science Society of America Journal, 66(4): 1159-1171.

Chefetz B, Xing B, 2009. Relative role of aliphatic and aromatic moieties as sorption domains for organic compounds: A review. Environmental Science & Technology, 43(6): 1680-1688.

De Melo Benites V, de Sá Mendonça E, Schaefer C E G R, et al., 2005. Properties of black soil humic acids from high altitude rocky complexes in Brazil. Geoderma, 127(1-2): 104-113.

Ferrari A C, Robertson J, 2001. Resonant Raman spectroscopy of disordered, amorphous, and diamondlike carbon. Physical Review B, 64(7): 075414.

Gunasekara A S, Simpson M J, Xing B, 2003. Identification and characterization of sorption domains in soil organic matter using structurally modified humic acids. Environmental Science & Technology, 37(5): 852-858.

Han L, Ro K S, Sun K, et al., 2016. New evidence for high sorption capacity of hydrochar for hydrophobic organic pollutants. Environmental Science & Technology, 50(24): 13274-13282.

Han L, Sun K, Jin J, et al., 2014. Role of structure and microporosity in phenanthrene sorption by natural and engineered organic matter. Environmental Science & Technology, 48(19): 11227-11234.

Haumaier L, Zech W, 1995. Black carbon: Possible source of highly aromatic components of soil humic acids. Organic Geochemistry, 23(3): 191-196.

Hayes M H B, 2013. Relationships between biochar and soil humic substances//Functions of natural organic matter in changing environment. Netherlands: Springer: 959-963.

Hiemstra T, Mia S, Duhaut P-B, et al., 2013. Natural and pyrogenic humic acids at goethite and natural oxide surfaces interacting with phosphate. Environmental Science & Technology, 47(16): 9182-9189.

Ikeya K, Sleighter R L, Hatcher P G, et al., 2015. Characterization of the chemical composition of soil humic acids using Fourier transform ion cyclotron resonance mass spectrometry. Geochimica et Cosmochimica Acta, 153: 169-182.

Jin J, Sun K, Wang Z, et al., 2015. Characterization and phthalate esters sorption of organic matter fractions isolated from soils and sediments. Environmental Pollution, 206: 24-31.

Jin J, Sun K, Wang Z, et al., 2017. Characterization and phenanthrene sorption of natural and pyrogenic organic matter fractions. Environmental Science & Technology, 51(5): 2635-2642.

Jones D L, Rousk J, Edwards-Jones G, et al., 2012. Biochar-mediated changes in soil quality and plant growth in a three year field trial. Soil Biology and Biochemistry, 45: 113-124.

Kang S, Xing B, 2005. Phenanthrene sorption to sequentially extracted soil humic acids and humins. Environmental Science & Technology, 39(1): 134-140.

Keiluweit M, Kleber M, 2009. Molecular-level interactions in soils and sediments: The role of aromatic π-systems. Environmental Science & Technology, 43(10): 3421-3429.

Keiluweit M, Nico P S, Johnson M G, et al., 2010. Dynamic molecular structure of plant biomass-derived black carbon (biochar). Environmental Science & Technology, 44(4): 1247-1253.

Kleber M, Sollins P, Sutton R, 2007. A conceptual model of organo-mineral interactions in soils: Self-assembly of organic molecular fragments into zonal structures on mineral surfaces. Biogeochemistry, 85(1): 9-24.

Lattao C, Cao X, Mao J, et al., 2014. Influence of molecular structure and adsorbent properties on sorption of organic compounds to a temperature series of wood chars. Environmental Science & Technology, 48(9): 4790-4798.

Lehmann J, 2007. A handful of carbon. Nature, 447(7141): 143-144.

Lehmann J, Joseph S, 2015. Biochar for environmental management: Science, technology and implementation. London: Routledge.

Mao J D, Johnson R L, Lehmann J, et al., 2012. Abundant and stable char residues in soils: Implications for soil fertility and carbon sequestration. Environmental Science & Technology, 46(17): 9571-9576.

Mikutta R, Schaumann G E, Gildemeister D, et al., 2009. Biogeochemistry of mineral-organic associations across a long-term mineralogical soil gradient (0.3-4100 kyr), Hawaiian Islands. Geochimica et Cosmochimica Acta, 73(7): 2034-2060.

Novotny E H, deAzevedo E R, Bonagamba T J, et al., 2007. Studies of the compositions of humic acids from amazonian dark earth soils. Environmental Science & Technology, 41(2): 400-405.

Novotny E H, Hayes M H B, Madari B E, et al., 2009. Lessons from the Terra Preta de Índios of the Amazon region for the utilisation of charcoal for soil amendment. Journal of the Brazilian Chemical Society, 20(6): 1003-1010.

Preston C M, Schmidt M W I, 2006. Black (pyrogenic) carbon in boreal forests: A synthesis of current knowledge and uncertainties. Biogeosciences Discussions, 3(1): 211-271.

Ran Y, Yang Y, Xing B, et al., 2013. Evidence of micropore filling for sorption of nonpolar organic contaminants by condensed organic matter. Journal of environmental quality, 42(3): 806-814.

Ravikovitch P I, Bogan B W, Neimark A V, 2005. Nitrogen and carbon dioxide adsorption by soils. Environmental Science & Technology, 39(13): 4990-4995.

Schellekens J, Almeida-Santos T, Macedo R S, et al., 2017. Molecular composition of several soil organic matter fractions from anthropogenic black soils (Terra Preta de Índio) in Amazonia: A pyrolysis-GC/MS study. Geoderma, 288: 154-165.

Schmidt M W I, Torn M S, Abiven S, et al., 2011. Persistence of soil organic matter as an ecosystem property. Nature, 478(7367): 49-56.

Shindo H, Nishimura S, 2016. Pyrogenic organic matter in Japanese Andosols: Occurrence, transformation, and function. Guo M, He Z, Uchimiya M, eds. Agricultural and environmental applications of biochar: Advances and barriers. Madison: SSSA Special Publication 63.

Sun K, Jin J, Kang M, et al., 2013a. Isolation and characterization of different organic matter fractions from a same soil source and their phenanthrene sorption. Environmental Science & Technology, 47(10): 5138-5145.

Sun K, Kang M, Zhang Z, et al., 2013b. Impact of deashing treatment on biochar structural properties and potential sorption mechanisms of phenanthrene. Environmental Science & Technology, 47(20): 11473-11481.

Trompowsky P M, de Melo Benites V, Madari B E, et al., 2005. Characterization of humic like substances obtained by chemical oxidation of eucalyptus charcoal. Organic Geochemistry, 36(11): 1480-1489.

Wang X, Guo X, Yang Y, et al., 2011. Sorption mechanisms of phenanthrene, lindane, and atrazine with various humic acid fractions from a single soil sample. Environmental Science & Technology, 45(6): 2124-2130.

Wilson M A, 2013. NMR techniques and applications in geochemistry and soil chemistry. New York: Elsevier.

Xing B, 2001. Sorption of naphthalene and phenanthrene by soil humic acids. Environmental Pollution, 111(2): 303-309.

Xing B, Pignatello J J, 1997. Dual-mode sorption of low-polarity compounds in glassy poly (vinyl chloride) and soil organic matter. Environmental Science & Technology, 31(3): 792-799.

Yang Y, Shu L, Wang X, et al., 2011. Impact of de-ashing humic acid and humin on organic matter structural properties and sorption mechanisms of phenanthrene. Environmental Science & Technology, 45(9): 3996-4002.

Zimmerman A R, 2010. Abiotic and microbial oxidation of laboratory-produced black carbon (biochar). Environmental Science & Technology, 44(4): 1295-1301.

第 7 章　总结与展望

本书内容可以为定量预测和评价生物炭还田对土壤理化性质和污染物环境行为的影响提供理论依据，并更新对土壤腐殖质本质的科学认识。土壤和生物炭在污染物迁移转化、元素循环和粮食安全等领域起着重要作用，在以后的研究中，还有以下关键问题需要解决。

（1）新兴污染物种类繁多，如微塑料、抗生素抗性基因、有机磷阻燃剂等，它们理化性质差异较大，在土壤中的迁移转化行为和机制尚待系统研究。

（2）土壤是个巨大的有机碳库，占全球陆地总碳库的 2/3～3/4，因此土壤碳库的微小改变也能对大气中 CO_2 的浓度产生显著的影响。如何有效利用土壤生态系统实现增碳减排已成为当前农业和环境领域面临的新课题。土壤中碳封存机制及极端气候条件下土壤碳的动态变化都是需要探索的重点。

（3）生物炭结构稳定，大量研究证明它能比一般的有机质组分在土壤中保存的时间更长，具有巨大的碳封存潜力。随着生物炭不断被添加到土壤中，影响其在土壤中长久稳定性的因素和机制也相应成为重要的科学问题。

（4）铁氧化物是土壤中广泛存在的矿物，它们的氧化还原过程极大地影响了土壤中碳、氮、磷等元素的循环，从而影响土壤的碳封存和营养元素的供给。与土壤有机质类似，生物炭及其不同组分可以作为电子穿梭体介导铁氧化物的还原。但是，生物炭自身结构的异质性及还田和老化过程对生物炭介导铁氧化物还原的影响和机制仍不清楚。

生物炭土壤效应是解决国家重大需求背后的前沿基础科学问题，作者希望在未来的工作中能尽力解决这些关键问题，为生物炭的环境应用提供理论基础。

编　后　记

　　“博士后文库”是汇集自然科学领域博士后研究人员优秀学术成果的系列丛书。“博士后文库”致力于打造专属于博士后学术创新的旗舰品牌，营造博士后百花齐放的学术氛围，提升博士后优秀成果的学术影响力和社会影响力。

　　“博士后文库”出版资助工作开展以来，得到了全国博士后管委会办公室、中国博士后科学基金会、中国科学院、科学出版社等有关单位领导的大力支持，众多热心博士后事业的专家学者给予积极的建议，工作人员做了大量艰苦细致的工作。在此，我们一并表示感谢！

“博士后文库”编委会